Michelangelo Giotto Santoro Trigueiro

O Clone de Prometeu

A Biotecnologia no Brasil: uma abordagem para a avaliação

EDITORA UnB

Equipe editorial: Profª Drª Wânia de Aragão-Costa (Preparação de Originais);
Belª Carmem Cecília Camatari Galvão (Revisão);
Fernando Brandão (Editoração eletrônica); G+ Design (Capa)

Impresso no Brasil

Direitos exclusivos para esta edição:
EDITORA UNIVERSIDADE DE BRASÍLIA
SCS Q. 02 Bloco C nº 78 Ed. OK 2º andar
70300-500 Brasília-DF
Fax: (061) 225-5611

Ficha catalográfica elaborada pela
Biblioteca Central da Universidade de Brasília

T828 Trigueiro, Michelangelo Giotto Santoro
O clone de Prometeu: a biotecnologia no Brasil: uma abordagem para a avaliação / Michelangelo Giotto Santoro Trigueiro. – Brasília : Editora Universidade de Brasília, 2002.
240 p.

ISBN-85-230-06999-0

1. Ética profissional. I. Título.

CDU 174

Sumário

Agradecimentos

À Organização dos Estados Americanos (OEA) e à UNESCO, que patrocinaram a pesquisa, realizada no ano de 2001;

À Secretaria Executiva do Ministério da Ciência e Tecnologia;

Ao Conselho Nacional de Desenvolvimento Científico e Tecnológico (CNPq), pelo financiamento nos quatro primeiros anos deste percurso acadêmico;

Aos pesquisadores Paulo Marcello Marques, Leonardo Genofre e Carla Arouca Belas, pela inestimável colaboração no levantamento de dados da pesquisa empreendida no ano de 2001;

Ao Professor Lauro Morhy, Reitor da Universidade de Brasília (UnB), pelo apoio e pelo exemplo;

À Professora Wânia de Aragão-Costa e à Carmem Cecília Galvão, pelos excelentes trabalhos de revisão final;

Ao amigo Ivan Sergio Freire de Sousa, pelos comentários e pelas críticas valiosas na elaboração final;

À Themis, minha companheira, pelas inúmeras vezes que pude com ela contar e por suas palavras de constante incentivo. À Themis, dedico também este trabalho.

Enfim, a todos os colegas, pesquisadores, empresários, estudantes e dirigentes de órgãos públicos, com quem pude partilhar dessa aventura pelas redes biotecnológicas, por sua paciência e sua disponibilidade para as entrevistas. A estes quero prestar homenagem especial.

Prefácio

Tratar da atividade biotecnológica no Brasil é, por si só, necessário e útil. Essa utilidade não é apenas para os pesquisadores diretamente ligados ao tema, mas para a sociedade como um todo. Sua importância para a historiografia da ciência e da tecnologia brasileiras e para os que trabalham na gestão de atividades científicas e tecnológicas é muito grande e diversificada. O livro de Michelangelo Giotto Santoro Trigueiro vai além. Ele aborda também aspectos da avaliação desta atividade no Brasil. Este, ressalte-se, é o fulcro da sua atenção.

Como se sabe, a segunda metade do século XX caracterizou-se pela explosão de várias crises. Entre elas, as ambientais, as sociais, as econômicas, as políticas, as institucionais e as éticas. Caracterizou-se, também, pela emergência e pela consolidação de várias revoluções técnico-científicas, como a que ocorreu em torno da tecnologia da informação e da comunicação, nanotecnologia, automação, novos materiais e biotecnologia. A contribuição potencial da biotecnologia já está sendo equiparada com a contribuição da Física nos últimos séculos.

Praticamente, todos os setores – como o agrícola e o farmacêutico – e todas as atividades críticas para o futuro da sociedade humana – agricultura e saúde – serão, ou estão sendo, profundamente transformados pelos conjuntos das poderosas técnicas – de tecidos e de transferência – que constituem a chamada "biotecnologia moderna". Por exemplo, o Projeto Genoma Humano é apenas uma evidência das infinitas possibilidades abertas pela moderna biotecnologia.

Com potencial sem precedentes para penetrar o nível molecular e o celular dos organismos vivos, a biotecnologia moderna oferece a possibilidade não apenas de decifrar o código genético destes organismos mas também de (re)editá-lo conforme plano previamente imaginado. Seu potencial é de tal magnitude que muitas de suas implicações são ainda desconhecidas. Por isso, esta revolução é acompanhada de inúmeras controvérsias, cuja importância tem exigido debate ético para interpretar e orientar a natureza, rumo e prioridades do seu desenvolvimento prático.

Na verdade, a simplicidade do seu nome – biotecnologia – não é suficiente para revelar a imensa complexidade envolvida em sua prática, o que geralmente exige tanto esforço transdisciplinar quanto interinstitucional. Neste caso, seu desenvolvimento ocorre em vinculação direta com o contexto de sua aplicação e implicações.

Ante tão espetacular revolução da tecnociência (fusão entre a ciência e a tecnologia modernas), não constituem surpresa alguma os esforços para construir modelos *sui generis* de avaliação estratégica da prática biotecnológica. Esse é, como dissemos acima, o principal terreno de debate e reflexões de Michelangelo, solidamente fundamentados em dados de pesquisa.

Obviamente, a natureza destas propostas de avaliação tentam corresponder à complexidade associada às múltiplas exigências para seu desenvolvimento, à diversidade de suas contribuições e à multidimensionalidade de suas implicações. Isso é absolutamente necessário porque a cada modo de interpretação corresponde um modo de intervenção, e a cada modo de intervenção corresponde um modelo de avaliação. Como a biotecnologia emerge de novo modo de interpretação e implica novo modo de intervenção, então parece apenas lógico e coerente que novos modelos para sua avaliação sejam construídos, validados, aplicados e aperfeiçoados.

Por tudo isso, além de oportuno, o livro de Michelangelo Giotto Santoro Trigueiro é absolutamente imprescindível, porque nossos modos de interpretação e intervenção estão sendo desafiados por mudanças qualitativas na produção. Entre essas últimas, a tecnociência emerge como aquela com o maior poder transformacional.

As sociedades, os governos e as organizações internacionais necessitam de propostas metodológicas que facilitem a interpretação da prática biotecnológica, seus avanços e seus impactos e implicações. Michelangelo chama-nos atenção precisamente para a natureza complexa desta prática e para a necessidade de contar com marco metodológico – coerente e flexível – capaz de permitir sua reconfiguração em contextos diferentes e a participação dos diversos grupos de atores sociais susceptíveis de serem impactados pelas aplicações da biotecnologia.

Uma das maiores contribuições da presente proposta metodológica é sua preocupação central com o contexto da aplicação e implicações da biotecnologia moderna. Isso permite a análise da prática biotecnológica no contexto que a necessita, no qual ela se desenvolve e o qual ela transforma por suas características, exigências e contribuições.

Diferente da biotecnologia tradicional, que é tão antiga quanto a produção de pão e vinho, a prática biotecnológica moderna emerge como trama complexa de relações técnicas, sociais, econômicas, políticas, éticas e institucionais que desafiam os esforços disciplinares que caracterizam a maioria das revoluções tecnológicas anteriores. Mais além do individualismo institucional que dominou o comportamento das organizações científicas no passado, a prática biotecnológica moderna demanda esforço transdisciplinar e interinstitucional sem o qual sua contribuição fica severamente comprometida.

Esta centralidade do contexto, tanto na prática biotecnológica quanto na sua avaliação, exerce pressão positiva e inexorável para a incorporação de dimensão ética em associação ao seu desenvolvimento. O papel do contexto na avaliação da prática biotecnológica vai mais além de facilitar a interpretação da complexidade que envolve sua implementação e suas implicações.

O contexto não é vazio social. Existe, no contexto, grande diversidade de atores cuja participação aumenta o grau de correspondência entre as contribuições da biotecnologia e as realidades, as necessidades e as aspirações destes atores sociais, que serão impactados, negativa ou positivamente, por suas contribuições ou pela impossibilidade de acesso a seus benefícios.

A apresentação de um livro implica compromisso com seu conteúdo. Nenhum dos dois – o livro e a apresentação – é neutro. Com esta apresentação, reafirmo minha simpatia não apenas com o conteúdo do livro de Michelangelo, mas também com as preocupações éticas e os cuidados explícitos e implícitos derivados das múltiplas dimensões e aspectos abordados pela avaliação da prática biotecnológica.

Estão de parabéns o autor, a editora e os leitores. É muito interessante termos uma obra tratando da avaliação da atividade biotecnológica com referência à ciência e à tecnologia que se praticam no Brasil. Há aspecto também relevante: tudo isto está sendo escrito por um autor que, desde cedo, se vem especializando com o tema da ciência, da tecnologia e da educação no Brasil.

IVAN SERGIO FREIRE DE SOUSA
Brasília, junho de 2002

Introdução

No princípio era o caos. Todas as coisas estavam juntas e eram inseparadas: uma massa confusa e sem forma, contendo as sementes de todas as substâncias. Nessa época, a terra, o mar e o ar estavam todos misturados; assim, a terra não era sólida, o mar não era líquido e o ar não era transparente. Deus e a Natureza resolveram intervir nesse estado de coisas e colocar fim a essa discórdia, separando a terra do mar e o céu de ambos. Considerando, a parte ígnea, a mais leve, difundiu-se e formou o firmamento; o ar veio em seguida, no que diz respeito ao peso e ao lugar. A terra – a mais pesada das substâncias – ficou para baixo, e a água ocupou a parte inferior, fazendo-a flutuar.

No conhecido mito da criação presente na Antiguidade Grega, o mundo fora construído, passo a passo, com o trabalho de deuses e titãs – uma raça de gigantes, que habitou a Terra antes dos homens. Trabalho este pontuado por grandes embates, sofrimentos e muita paixão.

Desse intricado jogo de desejos, sonhos e disputas, fazem parte as riquezas, as glórias e também todo o desespero de uma humanidade deserdada, decaída, abandonada à sua própria sorte.

O homem, segundo esse mito, criado para ser um animal mais nobre, não se sabe se fora feito de materiais divinos, ou se, na terra – há tão pouco tempo separada do céu –, de algumas sementes celestiais ocultas.

De acordo com o citado mito, o trabalho de criação do homem ficou confiado a dois Titãs – Prometeu e seu irmão Epimeteu –, a quem caberiam essa importante tarefa, bem como aquela voltada a assegurar-lhe, e aos demais animais, todas as capacidades e condições necessárias à sua sobrevivência na Terra. Epimeteu ficou com a primeira responsabilidade, de realizar esse feito de criação, enquanto Prometeu deveria supervisionar o resultado final.

Ocorre que Epimeteu empregou quase todas as importantes virtudes e faculdades na formação dos animais – como a coragem, a força física, a astúcia e tantas outras –, faltando-lhe, porém, o necessário para dispor ao homem, o qual deveria ser ainda superior aos outros animais. Perplexo, Epimeteu procurou Prometeu que, valendo-se do apoio de Minerva, subiu ao céu e acendeu sua tocha no carro do sol, trazendo o fogo para o homem. Desse modo, o homem assegurou sua superioridade sobre todos os outros animais, tendo o fogo assumido papel fundamental, ao lhe fornecer o meio de construir as armas e as ferramentas, com os quais tornava-se mais e mais independente das condições naturais.

E aqui começa também a nossa trama em torno da biotecnologia. Assim como na referida lenda, o homem vê-se detentor de um dom especial, que o transcende e o obstina, no trabalho de prosseguir a obra da criação. Hoje, não mais dependente de deuses, tampouco dos Titãs.

O "fogo sagrado", agora, inspira-o e permite-lhe dispor de todas as armas necessárias para exercer o senhorio sobre a vida e as criaturas presentes na natureza, seguindo a metáfora de um redivivo Prometeu.

Dotado de condição única, perante as demais criaturas, pode avançar e completar a obra da criação, regendo, a seu modo, novo mito de criação, forjado, neste momento, pelas possibilidades trazidas com o avanço da ciência e da técnica contemporâneas. Não obstante, assim como na lenda, essa enorme ousadia traz, também, a ira dos deuses, pela denunciada usurpação de um direito quase divino, a criação.

No mito grego da origem do Universo, Zeus, enfurecido com a audácia de Prometeu, por ter invadido domínios que não lhe eram permitidos, decide promover um castigo exemplar, um suplício que lhe valeria o acorrentamento em um monte e a dilaceração diária do fígado, por uma águia voraz.

No contexto atual, o preço da curiosidade e o da necessidade de avançar a biotecnologia rendem, a cientistas, empresários e demais atores envolvidos diretamente com a atividade biotecnológica, pesados fardos, reações enormes da sociedade, de ativistas políticos, de grupos organizados, de religiosos e de consumidores, de modo geral, os quais contestam muitos resultados gerados por essa atividade, como a clonagem de animais, a geração de variedades transgênicas de plantas, a propriedade privada de novos organismos e assim por diante.

Os resultados dessas pressões são laboratórios com restrições legais para determinadas linhas de investigação e produção de certas tecnologias, limitação de recursos para áreas com alto grau de risco para a vida na Terra e sua diversidade, e, mesmo, invasão de laboratórios e estações experimentais, com a destruição de experiências inteiras, por parte dos grupos mais radicais.

Evidencia-se, assim, extenso campo de conflitos e de disputas de toda ordem. A visão do Éden, ou a Idade de Ouro, na lenda grega da criação – onde predominava a concórdia, a justiça e a inocência – dão lugar a novo caos, mundo de desavenças, ambições, guerras e incertezas – típico da Idade do Ferro, nessa mesma lenda, em que são forjados todas as armas e todos os desejos por conquistas desmedidas pela humanidade.

A Caixa de Pandora fora aberta, expandindo-se pelo mundo toda sorte de maldades e negatividades. Mas restou ainda, na mesma caixa, a esperança, da qual a humanidade se deverá valer para fundar novas utopias e possibilidades de fazer forte a razão e as demais virtudes legadas por alguma centelha do primevo fogo sagrado.

Essa é a nova alegoria proposta com a presente reflexão em torno da atual prática biotecnológica, a qual focalizará, neste livro, a realidade brasileira, ou seja, como no mito grego, um novo Prometeu deverá ser reconstruído, metaforicamente, para inspirar virtudes e novas possibilidades de ação conseqüentes sobre o mundo e a natureza humana.

Porém, com que novas armas deverá contar a humanidade, para fazer valer sua extraordinária capacidade criadora, sem perder-se nos descaminhos de suas próprias obras? De que modo se pode pensar em avançar com a atividade biotecnológica, como importante conquista humana, tendo-se claros os limites de uma "ética de responsabilidade", para usar uma conhecida expressão de Max Weber? Enfim, como conciliar progresso com qualidade de vida, desenvolvimento científico-tecnológico com eqüidade e justiça social?

É com essa motivação, inspirada pelo antigo mito grego da origem – que expressa os anseios mais profundos da humanidade, de emancipação e autotranscendência, e o reconhecimento de todos os dilemas aí envolvidos, de frustração e sofrimento –, que se pretende abordar a atual atividade biotecnológica no Brasil.

Em termos do desenvolvimento do livro, pretende-se associar, permanentemente, passagens e idéias da concepção mitológica da criação com o conteúdo proveniente da pesquisa, aqui empreendida, sobre a prática das novas biotecnologias, no Brasil. Com isto, tenciona-se sugerir sentido oculto na conduta dos vários atores envolvidos com essa prática; algo como um "inconsciente coletivo", que emerge dos "arquétipos" mais profundos da preocupação humana com a origem do Universo e o propósito dessa existência: a idéia, por exemplo, de que, com as novas biotecnologias – os clones e demais conquistas relacionadas ao controle da vida –, o homem possa efetivamente exercer plenamente sua liberdade para criar e autoconstituir-se como espécie diferenciada, assim como para continuar o trabalho mais amplo de construção e reconstrução do Universo, em sua permanente dinâmica evolutiva.

Por outro lado, de modo mais substantivo e menos metafórico, este trabalho tem, como objetivo, analisar a atividade biotecnológica no Brasil, a fim de levantar idéias que possam vir a contribuir para a formulação de uma abordagem de avaliação voltada para essa atividade.

Trata-se de um estudo que se apoiou, em larga medida, em projeto mais abrangente, patrocinado pela Organização dos Estados Americanos (OEA), que tem, como título, "Análises e estratégias de implementação de sistemas de acompanhamento e avaliação em ciência e tecnologia". Desse projeto, além do Brasil, fizeram parte, também, a Argentina, o Chile e o Uruguai.

Em termos mais específicos, o projeto citado buscou analisar os sistemas de acompanhamento e avaliação existentes, visando a desenvolver, implementar e difundir tais sistemas, promovendo, desse modo, a integração de instituições, especialistas e técnicos envolvidos com atividades de avaliação e acompanhamento e com a pesquisa relacionada a estes temas.

O esforço empreendido nesse sentido é, assim, passo importante para melhorar a interlocução e a troca de experiências sobre avaliação em ciência, tecnologia e inovação, notadamente aquelas voltadas a programas estratégicos para os Governos desses países. No caso em exame, a biotecnologia representa o foco principal, embora muitas das discussões e reflexões aqui contidas possam ser úteis para outras áreas do desenvolvimento e do conhecimento de ponta, representando contribuições que se originam de trabalho de pesquisa calcado em evidências empíricas.

Não obstante, vale ressaltar, o presente livro não se trata de avaliação alguma, propriamente dita, desse campo do desenvolvimento e do conhecimento humano, ainda que, em larga medida, tenha-se apoiado em informações obtidas, diretamente, junto aos seus principais protagonistas – cientistas, industriais, dirigentes de órgãos públicos e demais especialistas no tema.

Trata-se, ao contrário, de conjunto bem amplo de dados e documentos, a fim de se obter visão mais acurada a respeito do fenômeno. Tudo isso apoiando-se também em estudos preliminares desenvolvidos no âmbito de pesquisas anteriores do autor sobre o mesmo tema. Enfim, é importante deixar claro, ainda, que o trabalho não representa retrato COMPLETO da atividade de produção de biotecnologia no Brasil, o que exigiria o cotejamento de conjunto bem maior de informações e dados provenientes de fontes e documentos os mais distintos, ao contrário do que se fez, aqui, centrando-se, basicamente, na percepção que os atores mencionados anteriormente fazem da própria área em que atuam. Percepção esta referente a vários aspectos, que vão desde a atividade da pesquisa e seus problemas mais imediatos, até o modo como vêem a atuação do Governo e de tantos outros atores.

Em suma, não se trata de um "retrato" da biotecnologia nacional, mas de um quadro construído com base em depoimentos, que expressam atitudes e comportamentos relevantes nesse campo de atividades.

Por outro lado, os comentários, as interpretações e as conclusões presentes neste texto são de inteira e exclusiva responsabilidade do autor que assina o trabalho. Com isso quer-se reconhecer a isenção e a liberdade de investigação necessária à boa prática acadêmica, que pontuaram esta pesquisa, bem como as limitações humanas e pessoais envolvidas nesse processo de criação.

De um ponto de vista teórico, procurou-se destacar a biotecnologia não apenas como área de pesquisa ou conjunto de técnicas de utilização de organismos na obtenção de produtos e processos – a sua dimensão de conhecimento –, mas como complexo de atividades, processos, organizações e interesses os mais diversos – o seu componente socioeconômico e político –, conforme está descrito com mais minúcias no capítulo 1 e no 2 deste livro, ao se discutir a conceituação de novas biotecnologias e a noção de prática biotecnológica.

Seguindo com essa terminologia, a prática biotecnológica situa-se como um dos exemplos mais revolucionários no quadro das transformações recentes a que está sujeito o desenvolvimento científico-tecnológico. A esse respeito, há longa discussão na literatura especializada, sobre as características mais importantes daquilo que se tem chamado de "novo modo de produção do conhecimento".

Para Michael Gibbons e outros autores (citados na bibliografia, ao final), no espaço dos últimos 25 anos, o mundo tem presenciado um quadro de profundas transformações, no modo como se realiza e se organiza a produção de novos conhecimentos.

Atualmente, no Brasil e no plano internacional, presenciamos cenário revolucionário, de profundas transformações em vários setores das sociedades, impulsionado pelo desenvolvimento científico-tecnológico. São mudanças radicais que, já na década de setenta, atingem a economia, a política e os ambientes domésticos, com muitos impactos nas empresas, em organizações não-governamentais, no Estado e em todo um conjunto de situações do cotidiano dos indivíduos.

O novo modo de produção do conhecimento, segundo esses autores, atinge distintamente os vários campos de atuação da pesquisa, mas apresenta características suficientemente coerentes para contrastá-lo com o modo tradicional, considerado preponderantemente disciplinar e altamente hierarquizado.

No novo quadro, o processo de elaboração do conhecimento aproxima intensamente a pesquisa básica da aplicada, instando a interação muito mais intensa e efetiva entre áreas tradicionalmente afastadas, como a física e a biologia, e levando a maior estreitamento e interconexão de metodologias de pesquisa entre áreas convencionalmente mais próximas, a exemplo da Biologia Molecular, da genética clássica, da microbiologia e da química de proteínas.

Nesse novo cenário, o contexto de APLICAÇÃO dos conhecimentos passa a condicionar toda a dinâmica de interações e desenvolvimentos teóricos e experimentais: não se trata mais de modelo linear, da pesquisa científica para a aplicada e daí para o desenvolvimento de produtos e processos, a sua comercialização e a difusão. Atualmente, fala-se, sempre com mais freqüência, em co-produção do conhecimento, aliando Pesquisa e Extensão, em processo complexo, abrangendo vários atores, grupos e organizações sociais. Tudo isto atinge também, e principalmente, o contexto político, da elaboração de leis e da formulação de estratégias por parte do Poder Executivo, no controle e no acesso aos resultados provenientes dos laboratórios e na formação de recursos humanos para a ciência e a tecnologia.

Novas formas de relação entre antigos atores e outros sujeitos do processo histórico irrompem em cena, trazendo novos problemas e novas necessidades de reflexão, para orientar as condutas e o processo de formulação de políticas antecipatórias e construtoras da realidade presente e futura.

Por outro lado, a chamada globalização, que não se entende, aqui, apenas como efeito de integração de Mercados, dentro de enfoque puramente econômico, consiste em aumento sem precedentes das possibilidades da comunicação no campo científico-tecnológico, da circulação de idéias, da cultura de um modo geral e das relações políticas, que, em última instância, estruturam e condicionam os demais processos de articulação entre as sociedades, os Estados Nacionais e as economias. No caso brasileiro, conjunto de situações distintas, em comparação ao período de há 20 anos, passa a fazer parte do atual contexto de desenvolvimento científico-tecnológico, condicionando muitos ambientes e realidades culturais.

De momento mais verticalizado, dirigido, concentrado, passa-se a cenário de globalização e maior democratização dos processos de produção, difusão e acesso aos conhecimentos especializados. Novos critérios de qualidade, que ultrapassam o domínio exclusivo do meio acadêmico, envolvendo qualidade de vida, valores de uso, custo do acesso a novos produtos e processos, bem como inúmeras questões éticas, relativas ao controle do conhecimento, fazem parte, agora, de intensas e ampliadas redes de relações e negociações entre atores tradicionais e novos.

Enfim, tudo isto ressalta a atuação POLÍTICA do Estado e de suas agências, na definição de políticas conseqüentes voltadas ao desenvolvimento econômico e social. E uma das ações mais relevantes nesse sentido é a necessidade de se aprimorarem e se intensificarem os mecanismos avaliativos em programas governamentais, a exemplo do que se refere à Biotecnologia, considerado prioritário no âmbito do PPA (Plano Plurianual) do Governo.

É com esta perspectiva e com o entendimento claro sobre a importância de que se reveste o assunto que o presente estudo se desenvolveu.

Foram intensos trabalhos de visitas e levantamentos de dados, envolvendo as diferentes regiões do País e os vários tipos de organizações e indivíduos ligados às atividades de biotecnologia, conforme se descreve, detalhadamente, no Capítulo 3.

Esquematicamente, o trabalho consta de quatro grandes capítulos, além desta Introdução e das Considerações Finais. No Capítulo 1, aborda-se a conceituação sobre as novas biotecnologias e a produção bibliográfica sobre o tema. No Capítulo 2, há o panorama atual de desenvolvimento da biotecnologia, enfocando o plano internacional e a realidade brasileira. No Capítulo 3, formula-se diagnóstico da prática biotecnológica brasileira, apoiado em documentos e entrevistas com pesquisadores, empresários, dirigentes de órgãos públicos e de instituições de pesquisa. No último capítulo, que representa o núcleo central do estudo, e para onde convergem todas as discussões dos demais capítulos, há vários aspectos sobre a problemática da AVALIAÇÃO em ciência, tecnologia e inovação, visando a levantar elementos para a elaboração de proposta avaliativa para a prática biotecnológica no Brasil.

Capítulo 1

O Fogo Sagrado
O que são as novas biotecnologias?

Aqui começa a nossa jornada sobre o mundo das novas biotecnologias. O fogo sagrado de Prometeu, com suas múltiplas centelhas, forja as armas e as virtudes que darão aos indivíduos a condição para o progresso e o senhorio sobre a vida e a natureza: a luz da inteligência, a razão e a força para avançar sobre realidade inteiramente nova.

No mundo das novas biotecnologias, todo um fascínio sobre o futuro e as descobertas de grande impacto sobre a biosfera e o cotidiano das sociedades descortina-se ante olhar assombrado e inquieto do indivíduo comum. Como ainda sem entender tantas novas realidades anunciadas, espantado com o que cientistas e empresários anunciam ao mundo – nova vacina, terapias transgênicas, clone humano, reprodução totalmente controlada, produção de novas plantas – tudo é mistério, fantasia, ficção, medo, incertezas.

Afinal, para onde vamos com todas essas descobertas? Aonde chegaremos, em nossa fantástica história científica? Até que ponto é lícito "brincar de Deus"? Como poderemos seguir adiante nessa trilha "sem enfurecer os deuses", para usar a metáfora da lenda da criação? Como o "clone de Prometeu" poderá replicar a mesma ousadia do original, invadindo esferas do mundo divino, incolumemente?

Em outras palavras, as novas biotecnologias são coisas muito sérias, que atingem não só cientistas e empresários e uma racionalidade técnica, mas muitos outros indivíduos e grupos sociais e valores muito importantes e arraigados, que dizem respeito à vida e ao seu controle. É, desse modo, realidade muito complexa, perpassando debates e questionamentos de toda a ordem, desde os religiosos e éticos, até os filosóficos, a respeito do significado e do papel da ciência e da tecnologia na emancipação humana, bem como de seus limites.

Neste Capítulo 1, pretende-se abordar parte dessa complexidade, enfocando, de um lado, os aspectos propriamente técnicos e as conceituações básicas das novas biotecnologias, até o que se está chamando, aqui, de "seu conteúdo social", revelador de toda a controvérsia e disputa econômica e política, além de seu componente ético e cultural.

O fogo distribui-se entre os homens

O tratamento da nova biotecnologia na literatura

A alusão, aqui, à distribuição do fogo sagrado entre os homens refere-se ao modo como as novidades trazidas pelas novas biotecnologias (metaforicamente representando o fogo sagrado de Prometeu) são apropriadas e discutidas entre os especialistas e interessados no tema. O que se pretende, com isso, é ressaltar a importância da controvérsia e do caráter coletivo na produção biotecnológica.

É comum, na literatura, iniciar a análise da nova biotecnologia pela definição do termo. Contudo, tal procedimento não se tem mostrado muito útil para o entendimento do fenômeno (Muniz, 1986). A maioria dessas definições concentra-se apenas em determinados aspectos das novas biotecnologias – nos princípios científicos e de engenharia para o processo de materiais, por meio de agentes biológicos –, enfatizando o seu lado propriamente técnico e as características dos produtos gerados. Nesse enfoque, são otimizados os RESULTADOS das novas biotecnologias, enfatizando a possibilidade ilimitada das técnicas para resolver problemas práticos nas diferentes áreas, como a de saúde, a alimentar, a energética e a ambiental. Mais especificamente, seguindo abordagens pragmáticas e desenvolvimentistas, a nova biotecnologia é vista como solução para a fome no Terceiro

Mundo, o desenvolvimento de vacinas para doenças endêmicas, a manutenção do equilíbrio ecológico, e, enfim, para a libertação e independência tecnológica desses países.

Uma das limitações desse recorte conceitual, que privilegia o âmbito do produto biotecnológico, reside no fato de se traduzir, deterministicamente, para a realidade dos chamados "países em desenvolvimento" o mesmo conteúdo e as mesmas especificidades da nova biotecnologia dos países hegemônicos. Sem dúvida que a nova biotecnologia praticada nos países em desenvolvimento segue padrão geral, mundial. Porém, há especificidades, particularmente no que concerne às relações de subordinação de determinadas sociedades aos países avançados, na condução da nova biotecnologia. Neste sentido, a maioria dos estudos aponta determinados obstáculos para a implantação da nova biotecnologia nos países periféricos ou subordinados e invoca a necessidade de ações e políticas estatais específicas que venham garantir esse desenvolvimento.[1]

No que concerne ao papel a ser desempenhado pelo Estado, tais estudos apresentam claro viés simplificador: a não-referência a características estruturais, atribuindo, assim, ao Estado superpoder para definir políticas, como se fosse mera questão de urgência de decisões, destinadas a assegurar temas como soberania e independência tecnológica, por exemplo. Tudo se passa como se tais decisões dependessem, unicamente, da boa vontade de alguns dirigentes de órgãos públicos ou da consciência e responsabilidade de certos empresários progressistas. Contudo, as decisões são mediatizadas por conjunto complexo de fatores

[1] Estão implícitos, nessas análises, pressupostos típicos da abordagem "transicional" (Rostow, 1962; MacClelland, 1961) – que assume o desenvolvimento e o subdesenvolvimento como momentos diferentes de um mesmo *continuum*, em que a modernização das sociedades subdesenvolvidas é um processo de remoção de obstáculos –, e da abordagem "desenvolvimentista" (Prebisch, 1964; Furtado, 1961) – semelhante à anterior quanto à idéia da necessidade da remoção de obstáculos, mas reconhecendo a existência de problemas estruturais e a importância de ação racional e planejada por parte do Estado. Ambas as abordagens são próprias da Sociologia do Desenvolvimento (Figueiredo, 1978).

estruturais – diferentes interesses socioeconômicos e políticos –, que interferem e limitam as possibilidades de escolhas individuais.

As pesquisas sobre a biotecnologia têm insistido em temas como: a integração industrial, o papel da extensão rural e dos sistemas educacionais, a identificação de áreas promissoras, a definição de prioridades de pesquisa *vis-à-vis* as "vantagens comparativas" para determinados países, as possibilidades de maior autonomia tecnológica para os países do Terceiro Mundo, a formulação de programas de pesquisa, a legislação e Mercados potenciais (Kenney, 1982; Boddé, 1982; Blummenthal, 1986; Nobre, 1985; Johnson *et al.*, 1985; Zylbersztajn *et al.*, 1985; Salles Filho, 1986; Salles Filho *et al.* 1985; Barros, 1985; Castro, 1986; Furtado, 1985; Almeida, 1984; Dembo *et al.*, 1985; Patrício, 1984).

Em termos gerais, a literatura é pouco pródiga quanto à exploração do potencial crítico da pesquisa biotecnológica. Ao privilegiar a dimensão propriamente técnica do fenômeno, minimizando ou desconhecendo o seu conteúdo social, pode-se cair no equívoco de atribuir caráter autodeterminado à tecnologia ou de negar o seu aspecto excludente e os efeitos perniciosos a ela associados (Silva, 1988). Por outro lado, ao restringir o fenômeno da nova biotecnologia ao seu produto, omite-se parte fundamental da problemática em foco.

Contra essa tendência, Muniz (1986) argumenta que "a biotecnologia torna-se temática não através dos seus produtos, mas como própria prática científica" (Muniz, 1986: 435). Seguindo essa idéia, a nova biotecnologia apresenta-se como área de conhecimento, abrangendo diferentes ciências naturais (o seu aspecto interdisciplinar), que transforma estas ciências em objeto da tecnologia.[2]

[2] Para a geração de conhecimentos, a atividade biotecnológica requer a aplicação de diferentes tipos de instrumentos, como bio-reatores, computadores, microscópios eletrônicos, espectrômetros de massa, anticorpos monoclonais e enzimas.

Por outro lado, a nova biotecnologia atinge amplo conjunto de estruturas e segmentos do setor produtivo, os quais condicionam todo o curso de geração dessa tecnologia. No âmbito industrial, por exemplo, a nova biotecnologia afeta desde setores petroquímicos, farmacêuticos e energéticos até a prospecção mineral (Sorj *et al.*, 1985), envolvendo complexo de interesses socioeconômicos, relativos aos grupos monopolistas, como companhias de sementes e agroindústrias de insumos e processamento, e ao grande público de consumidores.[3]

Desse modo, no esforço de desmontar a engrenagem do fenômeno da nova biotecnologia, depara-se com intricado sistema de processos e práticas sociais que perpassa e integra diferentes dimensões da realidade. Contudo, a literatura sinaliza para alguns aspectos marcantes, a saber: 1) uma tendência crescente à privatização da Pesquisa e Desenvolvimento em biotecnologia, relativamente às áreas mais tradicionais (Hansen *et al.*, 1986; Goodman, 1985; Maia, 1984; Castro & Silveira, 1985; Dembo *et al.*, 1985); 2) o aprofundamento de relações inter-setoriais – universidades–indústria, companhias de sementes–grupos petroquímicos – instituições de pesquisa, novas empresas em biotecnologia–universidades–grandes indústrias (Anciães & Cassiolato, 1985; Sorj *et al.*, 1985; Castro *et al.*, 1985; Sorj *et al.*, 1984; Johnson *et al.*, 1985; Silveira, 1986); e 3) a modificação de atitudes e comportamentos de pesquisadores ligados à nova biotecnologia, relativamente a um padrão habitual identificado na pesquisa convencional (mudança quanto ao fluxo de comunicação entre os pares, aos critérios de decisão do problema de pesquisa e à expectativa de premiação) (Hansen *et al.* 1986).

[3] O quadro de articulação das novas biotecnologias agropecuárias aos interesses industriais hegemônicos é tratado sistematicamente por Goodman et al. (1990), ao desenvolverem os conceitos de "apropriacionismo" – apropriações sucessivas, porém parciais, das atividades rurais e de seus produtos, pelos setores industriais – e "substitucionismo" – processo de substituição do produto agrícola por novos produtos industriais, propiciado pelas novas biotecnologias.

Entretanto, o presente trabalho entende que, ao não apontarem para possibilidades de alteração no padrão dominante da nova biotecnologia, permanecendo presos a uma visão ufanista e encantada com as novas descobertas, ao admitirem implícita ou explicitamente tendência inexorável no curso do fenômeno (um destino ou uma fatalidade), muitos desses estudos deixam de lado questões importantes para a desmitificação da nova biotecnologia e sua melhor compreensão. Neste sentido, não é suficiente identificar um lado de dominação aí embutido, ou existência de interesses divergentes, mas cumpre investigar suas causas, articular diferentes fatores estruturais em quadro analítico mais amplo, permitindo explicações mais integradas e próximas da realidade.

Enfim, os estudos predominantes sobre a nova biotecologia se não acentuam, ainda, suficientemente, dimensão mais crítica do fenômeno têm a virtude de apresentar o cenário geral em que se dá o desenvolvimento dessa atividade científico-tecnológica, em sua multiplicidade de aspectos envolvidos.

Mas, permanece a questão, o que é a nova biotecnologia e o que a distingue da sua forma tradicional? É o que se verá no próximo item.

E o mundo encontra uma nova arma

Biotecnologia tradicional x nova biotecnologia

Seguindo a metáfora, com o fogo trazido por um redivivo Prometeu, a ciência e a tecnologia ganham novas possibilidades, que lhes permitem avançar no poderio dos homens diante da natureza. Assim, ciência e tecnologia – ou, para usar conhecida expressão de Bruno Latour, tecnociência – são conhecimentos, mas, sobretudo, poder, dominação. É nesse sentido que se entendem, aqui, as novas biotecnologias: importantes e poderosas armas na busca de crescente hegemonia econômica, política e material, em seu significado mais abrangente, além, obviamente, de todo o seu lado positivo de benefícios à humanidade.

De forma ampla, a biotecnologia pode ser definida como técnica de utilização de organismos na obtenção de produtos e processos, voltados à aplicação prática na alimentação, na saúde, no meio ambiente e na produção econômica. Nesse sentido, ela é conhecida e praticada há muitos anos, em atividades que aproveitam a diversidade genética e metabólica dos microorganismos, tanto na produção de antibióticos e de bebidas alcoólicas, no processamento de alimentos quanto na fertilização de solos e na purificação de várias formas de resíduos, entre outros.

No entanto, a despeito desse uso tradicional, o interesse industrial pela biotecnologia só se evidenciou de forma mais efetiva na década de 70, quando problemas referentes ao custo do petróleo levaram à preocupação com a extração de produtos intermediários e finais, sobretudo combustíveis, de fontes renováveis na biomassa. De acordo com inúmeros trabalhos sobre o tema, nessa época, verificou-se investimento maciço em Pesquisa e Desenvolvimento (P&D) por parte das grandes indústrias, que nutriam a expectativa de encontrar, na utilização de microorganismos em processos industriais, opção para o momento de crise que enfrentavam.

Em termos bem abrangentes, a nova biotecnologia situa-se no âmbito do que se está chamando, genericamente, de novas tecnologias, as quais incluem, também, micro-eletrônica, informática, química fina, novos materiais e robótica. Essas tecnologias referem-se a novos conhecimentos, novas técnicas, novos produtos e processos, com grande potencial para impor profundas transformações em diversos campos de atividades humanas. Elas têm a característica de intensificar, profundamente, o avanço dos conhecimentos científicos e tecnológicos, abrindo novas possiblidades para o desenvolvimento da ciência e da "*Sciense based Technology*" (Silva, 1988: 52).

Particularmente, nos campos da informática e da genética molecular, constata-se a existência de diferentes atividades na agricultura, na indústria e no setor de serviços (Anciães & Cassiolato, 1985). Tais inovações resultam de esforços de pesquisa, que se iniciaram na década de setenta, e:

> (...) podem ser consideradas como o produto de tentativas de se alcançar o conhecimento e o controle dos fundamentos dos sistemas de estocagem, codificação e transmissão da

> informação e de sua influência na produção. De fato, conceitualmente, o *microchip* está realizando, em relação aos métodos de produção, o que o gene tem feito aos métodos naturais de produção e conservação de recursos, desde tempos remotos. O foco do trabalho em ambos os casos tem sido o de se conseguirem maneiras ótimas de tornar sistemas de informações mais produtivos e de direcioná-los para rotas mais consoantes com os requisitos da produção. (Anciães & Cassiolato, 1985: 11).

Este último aspecto, que se refere à utilização de "sistemas de informação" (o conjunto das CARACTERÍSTICAS GENÉTICAS DE UM ORGANISMO) e à sua MANIPULAÇÃO, no sentido de direcioná-los para a obtenção de metas desejadas (os traços genéticos esperados), é precisamente o elemento crucial na nova biotecnologia. Isto leva à necessidade de distinguir conceito mais abrangente de biotecnologia da noção de nova biotecnologia.

Se considerarmos o conceito, amplo, de biotecnologia como "um conjunto de conhecimentos e técnicas específicas, que visam ao estudo da vida e ao controle de determinados processos biológicos" (Salles Filho, 1986: 381), ela remonta a milênios antes de Cristo, como se destacou anteriormente. Muitas técnicas – como, por exemplo, processos fermentativos – são conhecidas, ao menos empiricamente, há muitos séculos, atesta esse último autor.

Então, qual a melhor maneira de conceituar a NOVA biotecnologia? É conjunto complexo e heterogêneo de técnicas e produtos, ou simples definição de técnicas de ponta?

Inicialmente, é importante distinguir a dimensão científica da tecnológica, na nova biotecnologia. Cada uma dessas dimensões possui suas especificidades técnicas e socioeconômicas.

No que tange à dimensão científica, a nova biotecnologia consiste em conjunto articulado de programas de pesquisas básicas, envolvendo, por exemplo, a Biologia Molecular, a Bioquímica, a Micro-Biologia e a Genética, sendo desenvolvidos, fundamentalmente, nas Universidades e instituições acadêmicas.

O lado tecnológico, por sua vez, é de grande complexidade, tanto do ponto de vista da produção do conhecimento, quanto dos setores atingidos. Nesse sentido, há, por exemplo, o problema do *scale up*, que é a dificuldade de produzir e aplicar em larga escala conhecimentos gerados pela ciência, nos laboratórios, isto é, os obstáculos para transformar resultados das pesquisas básicas (por exemplo, a produção de insulina por *Escherichia Colli* – obtida cientificamente) em formas tecnológicas, a serem produzidas industrialmente para a comercialização.

Além desses aspectos, do ponto de vista interorganizacional, a dimensão tecnológica da nova biotecnologia envolve indústrias, laboratórios de empresas privadas e rede de relações bastante complexa entre setores públicos e privados.

Obviamente, estas duas dimensões articulam-se na realidade concreta, sendo fundamental a base científica para a geração de novas biotecnologias. De acordo com Cassiolato & Anciães (1985: 135), na nova biotecnologia, os avanços dão-se a partir da pesquisa básica, nas Universidades, caracterizando situação típica de *sciense push*; ao contrário do que ocorre, segundo eles, em outras áreas, como a dos semicondutores, "em que avanços científicos e tecnológicos caminham paralelamente e, muitas vezes, com as necessidades tecnológicas 'puxando' os avanços científicos".

Outrossim, como assinala Muniz (1986), nessa nova atividade científico-tecnológica, a ciência torna-se também objeto da tecnologia, relativamente à produção de equipamentos e insumos para a pesquisa científica.

Enfim, buscando identificar a natureza específica da nova biotecnologia, a literatura apresenta ampla variedade de conceitos. Bull *et al.* (1982) identificam 12 diferentes definições de biotecnologia, optando pela noção de que ela consiste na aplicação dos princípios da ciência e da engenharia no tratamento de materiais, mediante o uso de agentes biológicos, visando à produção de bens e serviços. Chesnais (1982: 2), citado por Anciães & Cassiolato (1985), restringe o conceito à "aplicação industrial das capacidades de agentes biológicos", significando aplicação industrial o fato de o agente biológico ser obtido industrialmente. Para Anciães & Cassiolato (1985: 15), "a biotecnologia, tradicionalmente, abrange as tecnologias de fermentação, a cultura de microorganismos (compreendendo sua busca e seleção), a cultura de tecidos animais e vegetais e a tecnologia enzimática, não podendo ser confundida apenas com a capacidade de manipulação genética". Zylbersztajn *et al.* (1985: 40), por seu turno, a definem como "conjunto de técnicas utilizadas para explorar as potencialidades dos micro-organismos, dos animais e vegetais, trabalhando com quatro técnicas complementares: fermentação, engenharia genética, engenharia enzimática e cultura *in vitro*". Já na formulação de Sorj *et al.* (1984: 222), "do ponto de vista mais genérico possível, as biotecnologias devem ser vistas como a utilização do conjunto de conhecimentos úteis que permitem intervir sobre a matéria viva, dentro das condições de produção industrial".

Porém, em que pese todas essas contribuições, no sentido de buscarem delimitar o domínio mais específico na nova biotecnologia (há núcleo central predominante nessas definições, que relaciona a biotecnologia a processos industriais), ainda carece de melhor precisão a distinção entre nova biotecnologia e biotecnologia tradicional. Essa diferenciação é feita mais claramente em Hansen *et al.* (1986).

De acordo com estes últimos autores, a nova biotecnologia é mais bem definida como "a manipulação de organismos vivos, com vistas a alterar suas características em algum traço específico, para estimulá-lo a produzir certos produtos desejados, ou para usá-los como um componente de um amplo processo de produção" (Hansen *et al.*, 1986: 33).

De um lado, em termos de condução da pesquisa, aspecto distintivo das novas biotecnologias, uma de suas características básicas, é a sua necessária interdisciplinaridade, imbricando vários campos do conhecimento e especializações, mediante a integração e a articulação entre metodologias e enfoques teóricos. Por outro lado, a "velha" biotecnologia depende da seleção para obter os traços desejados, constituindo-se, fundamentalmente, em uma lógica de pesquisa disciplinar e calcada em campos específicos e estanques do desenvolvimento científico-tecnológico.

Assim, a nova biotecnologia busca aprofundar o entendimento da constituição molecular de organismos, para ativar alterações importantes no nível celular e no molecular. Neste sentido, elas representam avanço qualitativo, uma vez que barreiras convencionais de incompatibilidade genética podem ser contornadas. Isto implica, por exemplo, que, em vez de se esperar que determinado traço genético (maior resistência a condições adversas do solo, em certas variedades de plantas) apareça, mediante processo aleatório mais ou menos dirigido, a nova biotecnologia procura interferir DIRETAMENTE no código genético do organismo, introduzindo, por meio de técnicas específicas, a característica genética desejada. Em outras palavras, com a nova biotecnologia, em vez de se buscar o solo adequado à determinada planta, procedimento habitual na genética tradicional, procura-se desenvolver variedade que se adapte a um tipo particular de solo.

Este fato é apenas uma das inúmeras possibilidades revolucionárias trazidas pelas novas biotecnologias. Entretanto, já dá para perceber o porquê do alto grau de passionalidade que envolve o assunto. A idéia de se transporem certos limites até então insuperáveis, colocados pela natureza, é realmente fascinante.

A possibilidade concreta de se criarem variedades adaptadas ao deserto, ao sertão ou a quaisquer ecossistemas; a geração de cultivares de altíssima produtividade, em condições edafoclimáticas consideradas, até então, adversas; e a combinação (fusão) de células de espécies diferentes, para obter células híbridas com as mesmas características genéticas das células-mãe, dão, por si só, boa indicação dos grandes impactos potenciais dessa prática em diferentes instâncias da vida social.

Em termos da maneira como se organiza e se desenvolve a atividade científica contemporânea, pode-se dizer que as biotecnologias tradicionais, apoiadas em algumas especialidades que a sustentam, seguem um curso quase que inteiramente linear, em termos de suas etapas – que vão da descoberta para o desenvolvimento tecnológico, a seleção das melhores variedades de plantas ou outros organismos, o teste experimental e a produção em larga escala, para se ficar no exemplo da atividade agropecuária. Por sua vez, a nova biotecnologia é, essencialmente, interdisciplinar e transdisciplinar, perpassando e se apoiando em diferentes áreas do conhecimento que se condicionam reciprocamente, em termos de métodos, técnicas e recursos de pesquisa; nesta, a investigação básica está intimamente relacionada à pesquisa aplicada, ocorrendo, muitas vezes, ao mesmo tempo e no mesmo laboratório. Na nova biotecnologia, a idéia de etapas, em percurso linear, da pesquisa básica para a aplicada e o desenvolvimento, deixa de ter sentido, uma vez que todos estes momentos e estas formas de investigação estão mais e mais imbricados e dependentes de uns e outros resultados. Em suma, a nova biotecnologia é, desse modo, contextual, altamente heterogênea, no que tange a seus atores, áreas científicas e interesses acadêmicos e econômicos, ao contrário da biotecnologia tradicional, a exemplo do melhoramento de variedades de plantas.

Estes aspectos, que acentuam lógicas de investigação distintas e processos sociais bem diferenciados para a biotecnologia tradicional e a nova biotecnologia, trazem implicações importantes para o presente trabalho, ao se examinarem as possibilidades de AVALIAÇÃO de uma forma e outra de atividade científico-tecnológica.

O que se pretende argumentar, ao longo do livro, é que a NOVA BIOTECNOLOGIA, por sua peculiaridade – interdisciplinar, altamente heterogênea em sua composição de atores, extremamente complexa em suas práticas sociais, fortemente contextualizada em gama de interesses econômicos, políticos e científicos –, REQUER INSTRUMENTOS ANALÍTICOS PRÓPRIOS E FERRAMENTAS NOVAS PARA A SUA AVALIAÇÃO E ADEQUADA INTERPRETAÇÃO, BASTANTE DISTINTOS DOS MÉTODOS E DOS INSTRUMENTOS UTILIZADOS PARA SE AVALIAREM ÁREAS MAIS TRADICIONAIS DO DESENVOLVIMENTO CIENTÍFICO-TECNOLÓGICO, calcadas em uma lógica marcadamente disciplinar, linear e mais homogênea, do ponto de vista dos atores e interesses envolvidos, como na biotecnologia tradicional.

Para mais bem realçar essas peculiaridades e a necessidade de tratamento diferenciado para o exame da avaliação da nova biotecnologia, pretende-se desenvolver, a seguir, discussão a respeito do que se irá chamar de "o conteúdo social da nova biotecnologia". Essa rápida reflexão tomará, como exemplo, a biotecnologia agropecuária, que ilustra bastante bem toda a complexidade de relações, atores e processos que perpassam as novas biotecnologias. Não obstante, poder-se-ia também tomar qualquer outro campo de atividades, na saúde, na área ambiental e assim por diante, os quais, igualmente, estão sujeitos a toda uma gama de articulações e interações que evidenciam a extrema complexidade do fenômeno biotecnológico contemporâneo.

Abrindo a Caixa de Pandora

O conteúdo social da nova biotecnologia: o exemplo da agropecuária

Este é um momento muito importante do presente trabalho. Aqui, a metáfora da Caixa de Pandora tem significado todo especial. Na lenda, uma das versões para a criação da mulher é que Júpiter a fizera e a enviara a Prometeu e a seu irmão, Epimeteu, para puni-los, e também aos homens, em razão do roubo do fogo do céu. Essa primeira mulher chamava-se Pandora, e cada um dos deuses dera a sua contribuição para aperfeiçoá-la. Assim, Vênus concedera-lhe a beleza; Mercúrio, a persuasão; Apolo, a música; e assim por diante. Assim constituída, a mulher foi entregue a Epimeteu, que a aceitou prontamente. Diz ainda a lenda que Epimeteu guardava, em sua casa, uma caixa, na qual ficam presos certos artigos malignos, os quais não foram empregados na preparação do homem em sua nova morada. Movida por grande curiosidade a respeito do conteúdo desta caixa, Pandora decidira abri-la, certo dia, para olhar em seu interior. Desse modo, espalhou-se por toda a parte uma multidão de pragas que acabara por atingir toda a humanidade, trazendo-lhe doenças e sentimentos negativos de toda ordem. Em vista disso, Pandora apressou-se em colocar a tampa na caixa, mas, infelizmente, seu conteúdo já se havia dispersado, com exceção de uma única coisa, que ficara no fundo: a esperança.

Outra versão é de que Pandora fora enviada ao homem com boa intenção, com o propósito de agradá-lo. Contudo, foi-lhe também oferecida, como presente de casamento, uma caixa, em que cada deus colocara um bem. Pandora abriu a caixa, inadvertidamente, e todos os bens escaparam, exceto a esperança.

Independentemente da versão escolhida, a imagem de uma caixa contento valores e inclinações humanas, sejam estas virtudes ou sentimentos negativos, é algo mui adequado para a associação que se pretende fazer à idéia de um CONTEÚDO SOCIAL para a tecnociência e, particularmente, para as novas biotecnologias. Que conteúdo é esse? Que espécie de coisas existe aí dentro?

Somente se abrirmos a caixa, como fizera, no mito, a mulher, poderemos saber sobre esse conteúdo. E é isso que se pretende fazer com as discussões a seguir: examinar o que existe na "caixa preta" das novas biotecnologias, para além de sua aparência externa, a qual, por si só, já instiga a curiosidade humana.

Inicialmente, o questionamento sobre o conteúdo social da tecnologia tem proporcionado, mais recentemente, um amplo debate na literatura sociológica (Sobral, 1988; Sousa, 1980; Sousa & Singer, 1984; Figueiredo, 1989; Trigueiro, 1987).

Em termos gerais, define-se tecnologia como conjunto de meios – instrumentos e procedimentos – para a obtenção de um fim almejado (Figueiredo, 1989: 3). De acordo com Sousa (1980), a tecnologia visa, sobretudo, ao domínio e ao controle da natureza. Isto, contudo, não revela o seu lado mais dramático. Não são os MEIOS, em si mesmos, que tematizam a tecnologia, tampouco os objetivos, mas a maneira como os sujeitos sociais RELACIONAM significativamente meios e fins.

Tecnologia pressupõe, necessariamente, escolha – seleção entre opções possíveis –, em que certas opções são privilegiadas em detrimento de outras. Cada uma das possibilidades tecnológicas representa interesse social específico. Assim, uma tecnologia traduz, dentro de si, aspecto de positivação (a sua forma concreta aparente) e dimensão de exclusão (relativa às opções que foram preteridas por esta forma concreta), e, além disto, encerra conflito de interesses sociais. Daí, o caráter não-neutro da tecnologia.

É inegável que ciência e tecnologia cumprem importante papel no desenvolvimento das forças produtivas.[4] Entretanto, assim

[4] Na abordagem marxista, as forças produtivas representam o conjunto dos equipamentos, dos maquinários, das habilidades, das energias, das forças da natureza e dos conhecimentos humanos sistematizados, empregados no processo de produção e reprodução da vida material. Por sua vez, as relações sociais de produção consistem nas relações estabelecidas entre indivíduos e grupos de indivíduos, ante os meios de produção; são, nessa abordagem, relações entre, por exemplo, capitalistas e operários. No presente trabalho,

como a ciência e a tecnologia possuem poder expresso por sua capacidade de controlar forças físicas e sociais, a sociedade, por sua vez, exerce sobre elas outro poder que se origina tanto da infra-estrutura econômica como da sociedade política ou da sociedade civil (Sobral, 1988: 12). Enfim,

> (...) são as relações sociais que definem os parâmetros para o estabelecimento de necessidades que conduzirão ao desenvolvimento e uso de determinadas tecnologias. São elas, também, que criam possibilidades diferenciadas para que certos sujeitos (nações, classes sociais ou grupos) conduzam o, e apropriem-se do avanço tecnológico, transformando-o em força produtiva, instrumento de dominação política e/ou fator ideológico de legitimação do Estado. E isso, tendo-se em conta que as novas tecnologias vão-se constituir elementos condicionadores das próprias relações sociais.

É dessa forma, ao possibilitarem satisfação de necessidades sociais, que é possível pensar que a criação e o uso de novas tecnologias possam dar origem, ao mesmo tempo, a condições de emancipação e de transformação de sujeitos. É nesse sentido, também, que "a tecnologia tanto é fator de transformação como de manutenção de estruturas sociais" (Figueiredo, 1989: 6).

A idéia anterior, acerca do potencial crítico e transformador associado às tecnologias, é particularmente importante na análise da nova biotecnologia. Como fenômeno emergente, a biotecnologia abre novas possibilidades sócio-históricas. Porém, tais possibilidades são limitadas estruturalmente pelos diferentes interesses sociais que se confrontam na disputa pela nova biotecnologia. Desconhecer este fato pode levar a uma visão mistificadora e ufanista do fenômeno; exagerá-lo implica negar o próprio caráter transformador.

---

forças produtivas encarnam a dimensão propriamente material e concreta da atividade produtiva e também expressam relações sociais, as quais envolvem toda a dimensão social e interativa que condiciona, em última instância, todo o processo produtivo. Relações estas que não se limitam, aqui, meramente, àquelas estabelecidas entre as classes sociais em oposição, segundo a acepção marxista.

Resumindo, tanto a ciência, quanto a tecnologia são consideradas, neste trabalho, como forças produtivas, vistas não apenas segundo evidências puramente econômicas e materiais, mas, também, pelas demais relações político-ideológicas da realidade.

Examinando-se, mais de perto, a recente pesquisa agropecuária, pode-se evidenciar intricado jogo de interesses, disputas ideológicas, pressões econômicas e grandes conflitos políticos que se projetam ao longo de toda a essa prática investigativa.

Em termos mundiais, desde a Segunda Grande Guerra, têm havido mudanças acentuadas na estrutura da geração de tecnologia agropecuária nos países avançados, com crescente participação da iniciativa privada, ganhando maior impulso a partir da década de 70.[5] É o cenário típico da "revolução verde",[6] que passou a se caracterizar pela introdução maciça de novas tecnologias (biológicas, químicas e mecânicas) nos processos produtivos. Nesse contexto, verifica-se a consolidação de novos interesses, relativos ao complexo agroindustrial, e maior participação do setor privado na geração de novas tecnologias agropecuárias.

---

[5] Nos países em desenvolvimento, durante a década de setenta e até recentemente, a atuação do setor privado na produção de tecnologia agropecuária permanecia limitada a algumas poucas áreas. No Brasil, por exemplo, relatório especial sobre tecnologia da *Revista Senhor* (1985), citado por Silva (1985: 194), assinala que, de 1.500 empresas que realizaram algum tipo de pesquisa no País, apenas duas centenas mantinham centros de desenvolvimento tecnológico. Os seus quadros de pesquisadores, que variavam de 10 a 100 pessoas, eram modestíssimos para padrões europeus ou norte-americanos, onde as empresas consideram pequenas as equipes com 200 cientistas.

[6] A expressão "revolução verde" foi utilizada para designar as profundas transformações ocorridas na agropecuária mundial, a partir da segunda metade deste século e especialmente após a década de sessenta. Estas transformações foram decorrentes da introdução de um conjunto amplo de novas tecnologias nos processos produtivos, classificadas, basicamente, em: a) inovações mecânicas: afetam a intensidade e o ritmo de trabalho; b) inovações físico-químicas: modificam as condições naturais do solo, elevando a produtividade do trabalho, e c) inovações biológicas: reduzem o tempo de produção e potencializam os efeitos das inovações mecânicas e físico-químicas (Silva, 1981). A pesquisa, neste caso, apóia-se na física, na química, na biologia e na genética tradicional.

A participação privada mais intensa decorre, principalmente, da natureza intrínseca dessas novas tecnologias – de maior complexidade e de difícil produção –, e das possibilidades de apropriação privada – em razão dessa mesma complexidade e dos benefícios econômicos por ela gerados. É desse modo que a revolução verde está relacionada à própria produção e reprodução ampliada do capital.

Entretanto, do ponto de vista propriamente técnico, a geração de cultivares nos moldes CONVENCIONAIS da revolução verde e na NOVA BIOTECNOLOGIA apresenta algumas diferenças básicas, as quais propiciam, em certo sentido, maior penetração da iniciativa privada no contexto atual da produção agropeuária (Zylbersztajn, 1987).

Inicialmente, tanto em uma situção quanto em outra tem-se cinco etapas principais: 1) descobrir ou criar variações genéticas para traços desejados, como o rendimento, resistência a pestes e doenças e tolerância ao solo; 2) selecionar, destas variações, aquelas que mais bem expressam os traços desejados; 3) incorporar os traços desejados em conveniente experiência agronômica; 4) testar as novas variedades em ampla diversidade de *habitats* e estações experimentais; e 5) publicar os resultados das pesquisas. O modo tradicional e as novas biotecnologias diferem, fundamentalmente, nos dois primeiros passos. O modo tradicional utiliza a reprodução SEXUAL para manipular variabilidades; já a nova biotecnologia, como se destacou anteriormente, focaliza e procura interferir DIRETAMENTE no nível CELULAR e no MOLECULAR. Em outras palavras, as novas biotecnologias diferem do modo convencional de produção de novas variedades, em termos da utilização da manipulação genética nessa produção.

Como conseqüência desse fato, as novas biotecnologias reduzem o espaço e o tempo de produção, no laboratório, e aumentam a precisão no processo de criação de cultivares – os pesquisadores podem inserir apenas os traços desejáveis numa cultura particular. Eles mudam, portanto, o MODO como as técnicas científicas são feitas.

Isto acarreta, portanto, alterações no estoque de conhecimentos científicos e tecnológicos, as quais, por sua vez, tendem a provocar mudanças na estrutura institucional e social que sustenta e dá sentido a estes processos investigativos: surgimento de novos programas de pesquisa; novas diretrizes e estratégias de formação/treinamento de recursos humanos; novos acordos com instituições locais e internacionais visando a captar recursos financeiros e a ter acesso aos resultados de pesquisa de outros centros; formação de novos consensos e paradigmas orientando processos de comunicação internos à instituição de pesquisa, e assim por diante.

Diante disso, o contexto social e institucional vinculado à atividade de pesquisa reforça e condiciona o próprio estoque de conhecimentos científico-tecnológicos – seja implementando e consolidando as novas descobertas, seja restringindo o seu uso mais imediato, em face, neste último caso, de restrições legais e de pressões ideológicas contrárias (éticas, por exemplo).

Ocorre, entretanto, que tais modificações (no estoque de conhecimentos científico-tecnológicos e no contexto institucional da prática investigativa) não se explicam em si mesmas. Há todo um conjunto de fatores, ligados à base sócio-material mais abrangente, que interferem decisivamente na configuração institucional da pesquisa agropecuária e no incremento e na apropriação dos conhecimentos gerados. São fatores que decorrem, por exemplo, da articulação do complexo agroindustrial ao processo produtivo agrícola e ao sistema institucionalizado de pesquisa. Nessa articulação, observa-se que os empresários agroindustriais têm dominado economicamente o sistema de produção de alimentos; seus interesses, melhor que os dos fazendeiros, têm-se tornado mais influentes na direção do setor público de pesquisa (Lewontin, 1982).

Esse fenômeno é analisado com profundidade por Goodman *et al.* (1990), mediante o conceito de "apropriacionismo". No referido estudo, os autores procuram mostrar como os setores industriais hegemônicos, presentes à jusante e à montante do processo produtivo agropecuário, apropriam-se gradualmente dos produtos e processos aí gerados, apoiados, sobretudo, nas tecnologias de hibridização – obtenção de novas variedades a partir do cruzamento entre duas plantas congênitas (de mesma origem genética), com a "auto-polinização" (Berlan & Levontin, 1986: 42).

De acordo com Goodman *et al.* (1990), as sementes híbridas – "variedades altamente produtivas" – propiciam maior integração vertical entre os vários ramos industriais, fornecedores de insumos agrícolas e processadores de fibras e alimentos. Trata-se do que eles chamam de "convergência tecnológica", em que as várias tecnologias – fertilizantes, pesticidas, arados, colheitadeiras e tratores – são desenhadas em função dos tipos de variedades desenvolvidas, ou seja, a semente híbrida requer todo um pacote tecnológico, no qual se ajustam as várias necessidades técnicas e econômicas, consolidando, não de modo determinista, as posições dos grupos monopolistas, cada vez mais integrados.

Por outro lado, uma das características principais da semente híbrida é que ela impede a reprodução de descendentes, forçando o agricultor a comprar, a cada ano, novas sementes básicas. Fato este que aumenta a dependência dos produtores rurais às companhias de semente e, conseqüentemente, às indústrias componentes dos pacotes tecnológicos.

Assim, como reconhecem Berlan & Levontin (1986), as sementes híbridas não são meras invenções técnicas – uma feliz descoberta do "vigor natural" do híbrido. Ao contrário, são novas mercadorias, que conduzem e viabilizam todo um processo de acumulação e dominação industrial sobre a agricultura.

Com o advento das novas biotecnologias, tem aumentado o interesse de algumas multinacionais envolvidas na produção de sementes, devido às variedades melhoradas, desenvolvidas com melhoramento convencional ou biotecnologia. Muitas dessas empresas percebem que os lucros deverão aumentar.

Até há pouco tempo, inúmeras barreiras biológicas impediam ou dificultavam maior penetração do capital industrial no campo. Entre essas barreiras destacavam-se a dependência às características do ecossistema (as novas variedades eram condicionadas por solo, clima, relevo e disponibilidade de água), ao tempo de maturação e à determinada extensão de terra.

Agora, porém, com as novas biotecnologias, tais dependências podem ser, teoricamente, superadas, mediante a manipulação genética. Isto significaria não mais procurar um solo adequado para certa variedade de planta, mas desenvolver espécie adaptada àquelas condições; significa, também, a possibilidade de redução do tempo de maturação e a produção continuada de uma mesma planta no mesmo solo (a idéia da produção em série).

Maior controle do processo produtivo no campo tem sido particularmente importante no caso da pecuária, especialmente na avicultura e nas técnicas de criação de gado confinado, com destaque para a inseminação artificial. Também merece destaque a geração, por meio da engenharia genética, de espécies mais produtivas de animais (vacas que produzem maior quantidade de leite e o frango "chester", com maior peso e tamanho, para o abate, por exemplo).

No que concerne às indústrias processadoras de alimentos, as novas biotecnologias têm propiciado, igualmente, maior independência em relação aos produtos naturais. Trata-se, por exemplo, da produção de açúcar artificial, corantes, conservantes e da "carne artificial" (a proteína unicelular), com grandes interesses por parte dessas indústrias.

Entretanto, todos esses fatos e processos não estão imunes às reações de vários setores da sociedade e do consumidor, em geral. Na Europa, por exemplo, têm sido freqüentes as reclamações de sociedades de proteção dos animais quanto às manipulações genéticas. Do mesmo modo, o consumidor tem colocado restrições aos "alimentos artificiais" (a exemplo da "soja transgênica"), pré-julgados como nocivos à saúde ou contrários à natureza. Também tem causado impacto na sociedade a exploração de animais, segundo as técnicas de controle de intensidade de luz, som, calor e os procedimentos utilizados no confinamento.

Enfim, a aplicação das novas biotecnologias à agropecuária atinge componente ético que instiga o debate e a reflexão. Pesquisadores, produtores, estudantes, técnicos e dirigentes de órgãos públicos estão, de um modo ou de outro, envolvidos com essas questões, que podem restringir o livre uso de mera racionalidade técnico-instrumental, baseada exclusivamente na busca da eficácia.

Não obstante, ainda que o sonho de controlar inteiramente o processo produtivo no campo esteja longe de se realizar, em razão das próprias dificuldades técnicas (do estoque de conhecimentos científico-tecnológicos) – de se passar, por exemplo, do nível laboratorial para a produção em larga escala –, e das pressões socioculturais contrárias, tais possibilidades tecnológicas são bastante auspiciosas, animando os vários interesses agroindustriais a investir na nova biotecnologia. Outrossim, o risco de perder o trem da história, na concorrência capitalista, é fator importante do interesse industrial da nova biotecnologia aplicada à agropecuária: o receio de ficar alijado de importantes inovações – capazes de mudar o padrão de produção agropecuária e de gerar lucros, oriundos de vantagens comparativas – tem pressionado os empresários a investirem nas novas biotecnologias, apesar de todos os riscos econômicos e sociais.

Isto posto, as novas biotecnologias poderão permitir, aos grandes grupos econômicos, manipular características de cultivares mais diretamente voltadas a seus próprios interesses, mediante a possibilidade de maiores controles no processo de inovação. Neste sentido, companhias de sementes, proprietárias de companhias químicas, tentam desenvolver sementes compatíveis com os produtos agroquímicos (fertilizantes e herbicidas). A Royal Dutch Shell, por exemplo, anunciava rotineiramente suas variedades de milho juntamente com os produtos herbicidas dessa cultura (Hansen *et al.*, 1986: 35).

Contudo, como confirmam esses últimos autores, os recursos privados ainda são pequenos, embora, naquela época, tenham verificado o aumento do número de contratos, projetos e programas comuns. De maneira contrária, certos grupos industriais (petroquímicos, por exemplo) podem não ter interesse em investir em determinadas áreas (a exploração da biomassa como fonte de energia, ou outras tecnologias poupadoras de petróleo, mesmo quando elas forem viáveis tecnológica e economicamente). É até possível que, para não perderem a concorrência futura, tais grupos invistam nessas áreas, e, ao final, retenham as inovações, de acordo com seus planejamentos estratégicos de ocupação do Mercado. Contudo, neste caso, também não se pode esperar a alocação de grandes somas de recursos financeiros; a não ser que a intenção seja apostar definitivamente na inovação e buscar mudar, a médio prazo, suas ações industriais. O que parece pouco provável em razão, sobretudo, das grandes dúvidas e incertezas que ainda compõem esse cenário.

No conjunto desses acontecimentos, as organizações públicas de pesquisa têm começado a fazer programas de doutoramento para atender a necessidades industriais, bem como têm aceitado produzir mercadorias e serviços para as indústrias (Hansen *et al.*, 1986).

Além disso, novas demandas por maiores produtividades, aliadas aos poucos recursos ou à grande competição por eles, vêm encorajando diretores de órgãos públicos de pesquisa a ver favoravelmente a nova biotecnologia. Desse modo, devido aos aspectos econômicos e estruturais, tanto quanto à inerente importância do conhecimento científico nesta área, Universidades Públicas deverão provavelmente buscar, crescentemente, mais orçamentos do setor privado e contratar novas instituições privadas para, em parceria, fazer pesquisa biotecnológica.

No primeiro momento, verificou-se a criação de várias empresas de biotecnologia, funcionando independentemente ou em conjunto, mediante acordos e convênios com grandes grupos econômicos, como as companhias produtoras de sementes. Porém, isso se modificou, mais recentemente, com a falência e o fechamento de grande parte daquelas empresas ou a sua absorção pelos grandes conglomerados e grupos petroquímicos ligados à atividade agropecuária. O que não significa refluxo do movimento de privatização da pesquisa agropecuária, mas a sua "potenciação e diversificação" (Baumgartner & Muniz, 1991).

Esse é o quadro geral no qual se insere a privatização crescente da pesquisa agropecuária mundial. Esta privatização significa, pois, re-orientação na divisão de trabalho entre o setor público e o privado, em que os grandes grupos econômicos e monopolistas, presentes no complexo agroindustrial, passam a interferir mais diretamente na condução (execução), no planejamento e na definição de áreas prioritárias, e, também, na formação de pesquisadores, da pesquisa agropecuária (Hansen *et al.*, 1986: 36–39). Neste sentido, o que se está chamando, aqui, de "PRIVATIZAÇÃO da pesquisa agropecuária" é fenômeno com características bem peculiares ao desenvolvimento recente da agropecuária mundial.[7]

Aqueles que examinam a privatização da pesquisa agropecuária costumam argumentar que:

> (...) os elementos de continuidade ou ruptura do padrão tecnológico que derivam da biotecnologia agroindustrial dar-se-ão quase totalmente sobre um novo contexto de relações entre o setor público e privado, entre ciência básica e aplicada, e, principalmente, em condições em que a difusão da tecnologia respeita primordialmente lógicas empresariais de concorrência, ainda que articuladas pela política agrícola. Assim, é de se supor que as inovações biotecnológicas dar-se-ão num quadro de continuidade, antes do que de ruptura, da mesma estrutura industrial que está criando condição de acomodar dentro de si mesma as inovações da onda biotecnológica. (Castro & Silveira, 1985: 108).

A idéia anterior é particularmente importante para o presente trabalho, na medida em que mais bem qualifica o sentido e o tipo de ruptura que é sinalizado com a nova biotecnologia, relativamente à biotecnologia tradicional, ou seja, novos processos e novas relações são estabelecidos com o advento das novas biotecnologias, redefinindo o papel de antigos e proeminetes atores do desenvolvimento histórico-social recente, implicando aumento da complexidade do fenômeno biotecnológico, demandando, a um só tempo, o exame das lógicas tradicionais presentes no ambiente da pesquisa e na dinâmica econômica das sociedades, bem como dos aspectos inusitados e das questões que

[7] Este fato é visível não apenas nas sociedades mais avançadas, mas também nas demais formações sociais (Dembo *et al.*, 1985). Porém, nas sociedades periféricas, verifica-se maior dependência aos grupos econômicos transnacionais, na geração e na apropriação das novas tecnologias agropecuárias, com reduzida participação e integração dos grupos econômicos locais nesse processo. O que não implica determinismo, tampouco que não haja opções diferenciadas, para as sociedades subordinadas, de buscar superar determinados impasses e limitações, bem como de obter maior autonomia no desenvolvimento da atividade biotecnológica.

emergem desse novo cenário; ruptura e continuidade, avanços e manutenção de antigas estruturas são desafios importantes a considerar nas conseqüentes abordagens de avaliação da prática biotecnológica contemporânea.

Em suma, a crescente privatização do espaço da pesquisa agropecuária expressa processo em curso, iniciado com a revolução verde e intensificado com as novas biotecnologias, levando a modificações importantes na divisão de trabalho público-privado. Em outras palavras, apesar de os agentes serem basicamente os mesmos da revolução verde (grandes monopólios e grupos industriais componentes do complexo agroindustrial), verificam-se novos arranjos e formas de articulação entre eles – maior tendência à integração Universidade–indústria, criação de novas empresas privadas de pesquisa associadas a companhias produtoras de semente, incorporação de antigas estações experimentais do governo a indústrias petroquímicas, e assim por diante, caracterizando realidade de maior concentração e centralização de capitais (Buttel *et al.* 1989).[8]

No plano internacional, a privatização crescente da pesquisa agropecuária tende a repercutir na própria definição dos papéis que tradicionalmente couberam aos grandes centros de pesquisa,[9] durante a revolução verde.

---

[8] Além dos aspectos relativos à centralização e à concentração de capital, com o predomínio dos grupos transnacionais, na produção da nova biotecnologia nos países do Terceiro Mundo, Buttel *et al.* (1989: 43) reconhecem que essa nova atividade científico-tecnológica promete exacerbar o que tem sido o maior ponto de contenção no debate norte-sul: o problema de patenteamento e da livre circulação de informação científica e técnica.

[9] Entre os vários exemplos de situações relacionadas a essa problemática, Kenny e Vellutini (1985: 25) citam o caso do Centro Internacional de Melhoramento de Milho e Trigo (CIMMYT), no México, que permitiu uma empresa de sementes americanas (Pionner) reter a cópia de todo o material genético de milho desenvolvido pelo Centro. Em troca, a Pionner proporcionaria oportunidades de crescimento e reprodução para as variedades do Centro. Contudo, estas sementes precisavam de germinar e reproduzir-se, a fim de serem viáveis, processo este extremamente caro para o Centro. Assim, o que ocorreu foi, na realidade, a "aquisição por parte de uma empresa privada multinacional, a um custo extremamente baixo, de uma inovação tecnológica produzida ao longo de anos através de contribuições governamentais e doações".

Foi muito importante a atuação desses Centros Internacionais na geração e na transferência de tecnologias para os chamados países do Terceiro Mundo. Os discursos dominantes acerca da justificação de seus trabalhos apontavam para a necessidade de se concentrarem esforços na solução do problemas da fome nesses países. Entretanto, dada a natureza das tecnologias ali produzidas, demandando alta concentração de insumos químicos e industriais – os "pacotes tecnológicos" –, bastante onerosos para a realidade agrícola a que se destinavam, verificou-se, de um lado, o sucesso no aumento da produtividade média e da safra global nessas economias, e, de outro lado, o aumento da pobreza e a concentração da renda no setor financeiro e no agroindustrial, em razão da impossibilidade de os agricultores menos capitalizados arcarem com os custos de tais tecnologias. Algumas conseqüências foram super-safras, ao lado da persistência da fome e da pobreza, com grande transferência de renda do campo para a indústria – responsáveis pela produção dos insumos agrícolas e pelo processamento de produtos agrícolas.

Diante desse fato, para muitos analistas, os Centros Internacionais de Pesquisa Agropecuária foram vistos como um dos grandes "vilões" da revolução verde, para as sociedades periféricas, funcionando, segundo essa crítica, como indutores do processo de penetração do capital monopolista transnacional, que levou a um aprofundamento das desigualdades e da concentração dos benefícios gerados por aquela revolução agrícola.

Essa visão negativa atribuída aos Centros Internacionais coloca a tecnologia, meramente, como um dos instrumentos de poder, a serviço de determinados interesses. O que implicaria perspectiva conspiratória atribuída à tecnologia, minimizando o seu espaço intrínseco de contradições, restringindo as opções de escolhas humanas na compreensão do fenômeno. Por outro lado, tanto parece equivocado esperar, exclusivamente, da tecnologia a solução para o problema da fome – esta é uma questão que depende de muitas outras variáveis socioeconômicas e sobretudo políticas –, quanto é erro atribuir à tecnologia, em si mesma, a multiplicação dos males sociais.

Além disso, há que se observar a grande contribuição daqueles Centros, na agricultura de países como o México, o Brasil e outros do sudoeste asiático, elevando o potencial proteico disponível nesses países e desenvolvendo novas variedades de plantas nas áreas de milho, trigo, feijão, arroz e tubérculos, por exemplo, propiciando, ainda, a modernização de contextos agrícolas até então bastante atrasados, haja vista a realidade brasileira, hoje, com um importante complexo agroindustrial no cenário mundial. O que não significa reificar o papel dessas instituições internacionais, mas eximi-las de possíveis investiduras que lhe são descabidas.

Vale a pena insistir que determinadas questões colocadas como dependentes de soluções tecnológicas transcendem consideravelmente este circuito mais imediato, sendo condicionadas pelas relações socioeconômicas e políticas presentes na base sócio-material da realidade mais abrangente. Nesse sentido, O CONTEÚDO SOCIAL da tecnologia expressa tais restrições, conflitos e contradições, negando a idéia do unidirecionamento no processo de geração de tecnologia.

Os interesses e os conflitos sociais decorrentes da base sócio-material perpassam, então, o espaço organizacional e influenciam técnicos e pesquisadores dos Centros Internacionais de Pesquisa Agropecuária. Diferentes necessidades são por eles processadas, em espaço amplo de negociações e definição de prioridades. As características do padrão tecnológico dominante seguem, contudo, a lógica do aumento da produtividade e da eficiência na atividade agrícola, lógica esta calcada no modelo de acumulação típico da própria revolução verde. Assim, parece óbvio que aqueles Centros dessem respostas compatíveis a tais padrões gerais de acumulação, e que os grandes grupos econômicos fossem os principais beneficiários desse processo.

A questão, porém, que se coloca, hoje, é: que modificações deverão ocorrer nas atribuições dessas instituições internacionais, com o aprofundamento e a maior penetração dos interesses privados na geração e na apropriação dos produtos tecnológicos, mediante as novas biotecnologias?

Aquelas instituições continuarão sendo um espaço privilegiado de acesso às novas tecnologias, por parte de países menos avançados, ou os grandes grupos privados, detentores do segredo tecnológico, assumirão essa tarefa? Enfim, caso ocorram tais alterações, qual a nova função desses centros?

É até possível que de "vilões" passem a ser vistos como heróis, representando campo possível de resistência, em nível internacional, para garantir o acesso a inovações importantes das novas biotecnologias, por parte de grupos sociais subordinados, possibilitando controle ainda maior de áreas de interesse público, subsumidas pela crescente privatização do espaço da pesquisa. Em outras palavras, dada a capacitação técnica e científica que conseguiram reunir nesse período, os Centros Internacionais de Pesquisa Agropecuária podem representar, agora, com as novas biotecnologias, âmbito importante de obtenção das inovações tecnológicas, pelas sociedades menos avançadas.

Contudo, isto vai depender da maneira como se darão as articulações entre tais centros e os interesses hegemônicos presentes no complexo agroindustrial, bem como da política global de patenteamentos e das regulamentações internacionais a esse respeito.

Não obstante, parece ser fundamental, nesse caso, a atuação da opinião pública mundial, e as discussões que se darão no cotidiano das sociedades, sejam estas hegemônicas ou não, pressionando o livre curso de ações e interesses empresariais e industriais, pressões estas que podem repercutir na esfera jurídica e normativa e na própria atividade de pesquisa agropecuária.

Há, no entanto, grandes incertezas quanto a esse cenário internacional. O que dificulta, mas não impede, a expectativa de trajetórias tecnológicas alternativas.

De modo geral, a nova divisão internacional do trabalho na geração das tecnologias agropecuárias e as modificações aqui referidas no padrão global do contexto institucional de pesquisa agropecuária tendem a limitar a atuação das organizações públicas de pesquisa locais – em cada país. Entretanto, a possibilidade de participação privada nesse processo colocou novas tarefas às organizações públicas e privadas. São elas: 1) referente à iniciativa privada, a de "socializar" os custos de transferência dos conhecimentos básicos e aplicados, tanto mediante a contratação de especialistas localizados nas organizações públicas, quanto por meio da contratação direta nas próprias organizações, por convênios, sem ônus imediatos para a empresa privada, com pessoal e infra-estrutura; e 2) o que parece ser a novidade, "a função que fica relegada ao setor público, de responsabilizar-se socialmente pelos resultados da introdução das novas tecnologias geradas pelo setor privado" (Silva, 1985: 228).

Este último aspecto é crucial, pois assinala processo decisivo que tende a reorientar a divisão de trabalhos entre o setor público e o privado na geração de tecnologia agropecuária. Assim, como destacado anteriormente, com a nova biotecnologia os agentes sociais redefinem seus papéis e passam a estabelecer novos critérios de relacionamento, não apenas internamente, nas formações sociais locais, mas também na articulação sociedades avançadas-sociedades subordinadas, à luz do desenvolvimento e da reprodução global do capital. No que concerne às novas responsabilidades atribuídas ao Estado, nesse contexto crescente de privatização da pesquisa agropecuária, ressaltam as suas ações "legitimadoras" – visando à garantia de setores socialmente importantes como os de alimentos básicos e de fontes alternativas de energia –, bem como os esforços relacionados à coordenação, à regulação e à formulação de políticas industriais e tecnológicas específicas.

Outro aspecto que merece destaque quando se examina a crescente privatização da pesquisa agropecuária diz respeito à formação de recursos humanos.

Por seus impactos no setor público de melhoramentos, a ênfase na biotecnologia pode levar a uma maior concentração de talentos científicos em um pequeno número de instituições públicas e privadas. Entretanto, isso poderá mudar, dependendo da situação e dos interesses das empresas ligadas à área, bem como do modo como a sociedade reagirá a tais acontecimentos, exigindo maior regulamentação por parte do Estado.

De qualquer modo, com a nova biotecnologia, verifica-se o aumento de dificuldades no treinamento de novos cientistas. A esse respeito, quem treinará as próximas gerações de pesquisadores? Embora haja crescente demanda por especialistas em biotecnologia, no setor privado, de modo geral, este último não se tem disposto a treiná-los. Por outro lado, especialmente nas sociedades periféricas, os recursos públicos para a pesquisa ainda são muito insuficientes para investir em pesquisa básica e na formação de novos cientistas. Assim, onde os estudantes e futuros pesquisadores ganharão experiência? De acordo com Hansen *et al.* (1986), o único caminho para obter essa experiência é participar dos programas de melhoramentos de variedades híbridas, desenvolvidas por grandes companhias produtoras de semente.

Segundo Hansen *et al.* (1986), poucos cientistas, atualmente, são qualificados para oferecer educação graduada em biotecnologia. Muitos trabalham em unidades de biotecnologia, onde se realiza pouca atividade de ensino. Desse modo, a tendência à mudança na divisão de trabalho entre o setor público e o privado levanta, também, sérias questões sobre se o setor público poderá continuar satisfazendo inteira e adequadamente sua função educacional. Com as dificuldades por que passam as Universidades Públicas nos países menos avançados e considerada a intensificação da relação indústria–Universidade, é possível que a tarefa educacional, até então muito dependente de ações e recursos governamentais, seja redefinida, tendo os grupos privados forte peso na formação de recursos humanos. Nesse caso, passa a ser crucial a atuação do Estado, no sentido de evitar o esvaziamento total do espaço público na formulação de estratégias educacionais.

Outra questão importante, com as recentes modificações no contexto social e institucional de produção da nova biotecnologia, refere-se ao aparecimento de novos e importantes obstáculos ao fluxo de informação entre os pesquisadores da área, com sérias implicações no processo de formação de consensos. Tais obstáculos decorrem, principalmente, do próprio fenômeno da privatização da pesquisa, levando a que a reserva e o segredo quanto aos resultados de pesquisa prevaleçam nas atitudes e nos comportamentos dos pesquisadores. Os novos contratos para prestação de serviços entre indústrias e pesquisadores, as exigências quanto à propriedade privada dos resultados de pesquisa por parte das agências ou empresas financiadoras, a possibilidade de os indivíduos pesquisadores terem ganhos adicionais com tais contratos e acordos são alguns exemplos de situações que dificultam o fluxo de informação entre os pares. A esse respeito, Hansen *et al.* (1986) argumentam que "a questão do dinheiro tem inibido o fluxo de comunicação entre biotecnólogos, particularmente no setor privado, os quais somente deverão liberar para discussão seus resultados de pesquisa depois de terem sido revistos pela companhia patrocinadora". Contudo, os efeitos de restrição de comunicação entre os cientistas não são ainda bem conhecidos.

Os conflitos decorrentes da privatização, que envolvem também a questão do desenvolvimento autônomo de cada país, têm repercutido em todo o conjunto de políticas de modernização da agricultura. "É o que se pode ver através da análise das principais prioridades de pesquisa, do processo de definição dessas prioridades, dos mecanismos de transferência de resultados de pesquisa ou tecnologias ao meio rural, e dos recursos disponíveis para a realização dessas tarefas, nas instituições públicas e privadas" (Sobral, 1989: 15).

Durante a revolução verde, a influência das empresas e dos grupos privados na definição de prioridades de pesquisa dava-se mediante conjunto complexo de mediações e articulações, por exemplo: nos serviços de extensão rural; nos planos e nas políticas governamentais para a área, segundo intricado processo de decisões, do qual participam os mais diferentes interesses; na formação dos pesquisadores; e assim por diante. Mais recentemente, esta interferência vem-se modificando, passando a existir relação mais direta entre o setor privado e as definições de prioridades de pesquisa, nas organizações públicas. Entretanto, o modo como tais grupos econômicos (empresas de semente e de insumos, por exemplo) influenciarão as definições de linhas de pesquisa, ainda é uma questão aberta.

Em suma, enquanto antes a privatização do espaço público da pesquisa agropecuária referia-se à sua subordinação a determinados grupos econômicos privados, com interferência menos ostensiva e mais mediatizada nas definições de prioridades de pesquisa e da apropriação dos principais resultados de pesquisa (Sobral, 1988), mais recentemente, com a nova biotecnologia, a privatização da pesquisa agropecuária reveste-se de outra natureza, com os grupos privados assumindo, diretamente, a execução e o financiamento dessa pesquisa (particularmente nas áreas de ponta), além do aparecimento das novas formas de articulação com o setor público.

Finalmente, as novas biotecnologias deverão requerer que a produção de culturas seja mais inteiramente integrada que antes, no mais amplo sistema industrial (Hansen *et al.*, 1986: 38). Dentro desse quadro, as novas biotecnologias poderão induzir e aprofundar a industrialização da agricultura, em que o altamente monopolizado setor de insumos e processamento deverá capturar os maiores volumes de benefícios. Fato este bem comentado por Goodman *et al.* (1990), ao analisarem a concentração e a centralização do capital agroindustrial – a tendência à maior integração vertical dos vários rumos industriais – com a nova biotecnologia.

Diante disso, a formação de consenso em torno das novas biotecnologias tem revelado campo vasto de disputas e contradições (de riscos e incertezas) – envolvendo a comunidade de pesquisadores, estudantes, dirigentes de órgãos públicos, técnicos e empresários – centralizado em torno dos programas e das políticas públicas para o setor, particularmente no que se refere às questões sobre patenteamento (Roitman, 1986; Salles Filho, 1986; Castro, 1986; Silveira, 1986).

Apoiado em literatura específica sobre o tema (Baptista, 1985; Furtado, 1985), entende-se que a área de patenteamento de novos produtos e novas variedades biológicas, gerados pelas novas biotecnologias, concentra grande parte das contradições que dificultam a formação de consenso entre aqueles atores e a definição de políticas para a discussão tecnológica da produção agropecuária.

A esse respeito, as divisões são bastante acentuadas, perpassando conjunto bem amplo de questões como: 1) quais as bases de legitimidade quanto ao domínio privado de novas variedades de plantas (quem pode deter a propriedade dessas variedades? aqueles que fornecem os recursos genéticos básicos, ou aqueles que realizaram os cruzamentos e a manipulação genética? nesta situação, qual a proporção de direitos que caberia a cada um, conforme a contribuição dada na criação da nova variedade?; 2) com relação ao tema da autonomia/não-autonomia dos países do Terceiro Mundo, o que estes países devem ceder, em que momento e em que circunstâncias? devem abrir os bancos de germoplasma às empresas multinacionais ou guardá-los? isto pode ajudar ou dificultar, e em que medida, a maior autonomia desses países?; 3) em que medida a nova biotecnologia deve auxiliar na solução da fome no Terceiro Mundo e nos países em desenvolvimento? de que modo isso deve ocorrer?; 4) como deve-se dar a melhor utilização da biomassa como fonte alternativa de energia e a melhor utilização de vários ecossistemas, até então inexplorados? quais as possibilidades de se desenvolverem novas práticas de controle ambiental, de pragas e doenças nas lavouras, em substituição aos agrotóxicos? e quais as conseqüências da multiplicação de rebanhos mais fortes e sadios por inseminação artificial?; 5) quais os impactos econômicos e sociais da criação de novos produtos e hábitos alimentares, com grandes repercussões no dia-a-dia do consumidor?.

Todas essas questões e todos esses temas, típicos do contexto da pesquisa agropecuária com a nova biotecnologia, têm feito parte das preocupações diárias de pesquisadores, dirigentes de órgãos públicos, empresários, estudantes e técnicos ligados à área. De outra maneira, de um lado, tem-se o crescente aumento nos manifestos envolvendo a qualidade de vida, a alimentação básica, os valores de uso, a problemática ambiental, a segurança, a soberania e a independência tecnológica; e, de outro lado, o aumento na propriedade privada das novas tecnologias – o seu valor de troca, os interesses do grande capital monopolista, a intervenção e dominação sobre a natureza e os homens, como a modificação de antigos hábitos culturais (na substituição de produtos alimentícios tradicionais por outros, industrializados).

Enfim, tudo isso reforça a importância do papel dos vários mecanismos de LEGITIMAÇÃO que perpassam a atividade da nova biotecnologia, envolvendo questões que vão desde o patenteamento, a autonomia e a liberdade de trabalho do pesquisador até a apropriação privada de produtos obtidos no contexto público.

As mudanças institucionais aqui apontadas – como a crescente privatização da pesquisa, o surgimento de novas formas de articulação inter-institucionais e as possíveis modificações de atitudes e comportamento dos pesquisadores – deverão ter impactos significativos na forma dominante do contexto da pesquisa agropecuária como um todo.

Diante do que se procurou mostrar a respeito das transformações trazidas pelas novas biotecnologias, focalizando-se setor específico de inserção dessas tecnologias – a agropecuária –, fica evidente a extrema complexidade do assunto e o seu não-reducionismo a uma questão puramente técnica. Trata-se, ao contrário, de intricada rede de relações sociotécnicas, para usar uma conhecida expressão de Bruno Latour, perpassando laboratórios, grandes empresas, centros de pesquisa internacionais, consumidores, dirigentes de órgãos públicos, estudantes e assim por diante.

Desse modo, falar de nova biotecnologia, meramente, como algo relacionado a técnicas de manipulação genética, clonagens, cultura de tecidos, engenharia genética e DNA recombinate, omitindo-se conteúdo social relevante, que acaba por condicionar toda a sua prática investigativa, como foi visto nos parágrafos anteriores, é simplifar excessivamente o fenômeno, reduzindo-o a seu aspecto mais imediato e aparente.

Na tentativa de se marcarem diferenças importantes entre a biotecnologia tradicional e a nova biotecnologia, abordando seja seu componente técnico, seja sua dimensão social, pretendeu-se destacar elementos que não podem ser negligeciados na formulação de proposta de avaliação para a área – um dos objetivos centrais do presente trabalho.

Por outro lado, fica evidenciada, também, a limitação da utilização de enfoques clássicos, voltados ao exame de campos disciplinares, mais homogêneos e que obedecem a uma lógica tipicamente linear – da pesquisa básica à aplicada e ao desenvolvimento tecnológico –, como é o caso da pesquisa agropecuária tradicional ou da biotecnologia tradicional.

Com a nova biotecnologia, essa abordagem perde grande parte de sua eficácia explicativa e interpretativa, requerendo a elaboração de novas categorias analíticas, novas metodologias e novos arranjos explicativos, que precisam de ser mais discutidos e entendidos.

Ao se abrir a "caixa preta" das novas biotecnologias e examinar o seu conteúdo social, verificou-se, como na Caixa de Pandora, a existência de muitos males, desavenças, dominações, cobiça, grandes disputas. Contudo, esse mesmo conteúdo social das novas biotecnologias permite entrever, também, muitas esperanças.

O que se quer dizer é que, ao se abordar o conteúdo social das novas biotecnologias, acabou-se por se reunirem evidências importantes para se contestar difundida tese da autodeterminação científico-tecnológica, segundo a qual há destino inexorável para o desenvolvimento científico-tecnológico; o que, no limite, significa aceitar a concepção de neutralidade para a ciência e a tecnologia.

Ao contrário, conforme se ressaltou ao longo destas discussões, tal neutralidade é mera ficção; ciência e tecnologia consistem em práticas sociais determinadas, condicionadas por tudo aquilo que configura a natureza humana, seus interesses, disputas e realizações. Em outras palavras, são os indivíduos, os grupos sociais e as sociedades, de modo geral, que conferem o sentido e o direcionamento no desenvolvimento científico-tecnológico, condicionado ainda pelo estoque de conhecimentos disponíveis em época e lugar determinados.

Se este fato não é garantia de que algo resultante da tecnociência é necessariamente bom e de grande benefício para a humanidade, ele guarda, pelo menos, a possibilidade de esperança de que algo de positivo sempre possa ser conquistado e construído, uma vez que a ciência e a tecnologia não seguem destinos lineares, predeterminados e inexoráveis, mas dependem, em última instância, do próprio mundo social, com suas imperfeições e virtudes, como faz sugerir a metáfora da Caixa de Pandora, seja esta caixa castigo ou presente dos deuses aos homens.

Capítulo 2

O Mundo Encantado
Panorama atual da nova biotecnologia

Nesta parte de nosso percurso nas trilhas das novas biotecnologias, iremos ver mundo fantástico de possibilidades e realizações humanas. É o que se está chamando, aqui, de "o mundo encantado". São descobertas, inovações e aplicações do conhecimento biotecnológico, em inúmeros campos de atividade e de interesse econômico, que se apresentam aos cidadãos como realidade mágica.

Assim como as visões míticas conferem ao mundo existência para além dos fenômenos reais, concretos e objetivos, o conjunto de realizações provenientes das novas biotecnologias cria, no cotidiano das sociedades, misto de mito e realidade, de ficção e fato.

Nesse amálgama de verdade e imaginário, todos os atores diretamente envolvidos com a atividade biotecnológica – empresários, dirigentes de órgãos públicos e, principalmente, cientistas e tecnólogos – são instados a esclarecer e distinguir uma coisa de outra, contribuindo para desvendar o lado mais obscuro e real desses fenômenos. Para dar início a essa jornada, que continuará no próximo capítulo, começar-se-á apresentando panorama geral da nova biotecnologia, focalizando o cenário mundial e o contexto brasileiro.

De acordo com o que foi visto no capítulo anterior, avanços importantes no campo científico, como a descoberta do DNA e de novas técnicas de engenharia genética – a exemplo da técnica do DNA recombinante –, redundaram em novas e importantes perspectivas para o setor produtivo e o Mercado, revitalizando a própria atividade biotecnológica. Assim, modernas técnicas, oriundas do desenvolvimento da Biologia Molecular, amplificaram consideravelmente as bases da pesquisa desenvolvida até então, sobretudo da genética clássica, constituindo-se no divisor de águas entre uma biotecnologia dita "tradicional" e outra mais "moderna".

Desse modo, os sucessivos avanços científicos e tecnológicos alcançados nos últimos anos aumentaram de forma significativa o potencial de aplicações da biotecnologia e as perspectivas de rentabilidade para o setor, incluindo atividades produtivas vitais para o desenvolvimento econômico dos países.

Na área agrícola, por exemplo, como foi abordado anteriormente, as inovações possibilitam, entre outras: a produção de variedades, geneticamente modificadas, que expressam grande tolerância para condições áridas e adversas; e o aumento da eficácia e da eficiência dos fertilizantes e a redução do uso de agrotóxicos, em virtude do controle biológico de pragas e da maior resistência a insetos. A multiplicação de mudas *in vitro*, por meio de cultura de tecidos, também vem garantindo aumento de qualidade e produtividade na agricultura, principalmente no que se refere à produção de banana, morango, batata e plantas ornamentais.[10]

Na pecuária, reduzem-se as doenças e o tempo de abate e criam-se novas variedades para consumo humano. Verifica-se, também, aumento de rentabilidade e maiores perspectivas para o setor, em decorrência da diminuição de custos com drogas, da redução de perdas involuntárias e da possibilidade de obtenção de animais de crescimento mais rápido, com menor percentagem de gordura na carne, no leite e nos ovos.

Na alimentação, aumenta-se o tempo de duração, a qualidade e a variedade de frutas e legumes, e também de produtos industrializados, tais como iogurtes, enlatados, compotas e massas. Outra possibilidade de aplicação biotecnológica na alimentação está ligada ao enriquecimento nutricional dos

[10] PAIVA, E. "Avanços da Biotecnologia na Agricultura Mundial". *In*: www.faemg.org.br/palestras/edilsonpaiva-pdf (acessado em outubro de 2001).

alimentos, a partir de alterações no código genético deles. Experiência bem sucedida a esse respeito foi empreendida por pesquisadores das Filipinas, ao conseguirem transferir para o arroz genes de "betacarotenos", aumentando, dessa forma, a produção de Vitamina A. Acredita-se que a incorporação dessa vitamina, essencial para o tratamento da desnutrição, possa beneficiar milhões de pessoas que sofrem com a fome em países pobres.[11]

Já na área química, a biotecnologia vem contribuindo para a produção de materiais biodegradáveis e "biocompatíveis" – a exemplo dos detergentes e até mesmo dos plásticos. Pesquisa cooperativa realizada no Brasil, entre o Instituto de Pesquisas Tecnológicas (IPT), a Cooperativa de Produtores de Cana-de-açúcar e Álcool do Estado de São Paulo (Copersucar) e a Universidade de São Paulo (USP) resultou na descoberta de material semelhante aos plásticos de origem petroquímica, obtido a partir de derivados da cana-de-açúcar. De acordo com um dos responsáveis pelo projeto, no IPT, depois de descartado, o material é degradado em curto espaço de tempo. Outra vantagem desse material, além de propriedades termoplásticas, que permitem a moldagem e a transformação em filmes – para revestimento de embalagens, fraldas, absorventes e adesivos, por exemplo – é o fato de poder ser também "biocompatível", com potencial para aplicações médicas e veterinárias, em suturas, suportes de culturas de tecido para implantes, e encapsulação de fármacos para liberação controlada.[12]

Outra utilidade da biotecnologia na área química diz respeito ao aproveitamento da biodiversidade para a produção de cosméticos. Esse é Mercado em ampla expansão, com grandes empresas no mundo inteiro. No Brasil, bom exemplo vem da Fundação O Boticário de Proteção à Natureza, que investe na

---

[11] STERN, B. "800 milhões de famintos; entrevista com Jacques Diouf". *Revista Eco21*. p. 20–25, jul., 2001.

[12] GREGÓRIO, J. "Biodiversidade brasileira é fonte de microorganismos produtores de plásticos e elastômeros biodegradáveis". *In*: www.comciencia.br/reportagens/biodiversidade/bio15.htm (acessado em outubro de 2001).

produção de cosméticos com componentes naturais, também financiando pesquisas sobre ecologia e conservação.

Em relação ao meio ambiente, a biotecnologia vem sendo utilizada no tratamento de resíduos industriais, na recuperação de áreas degradadas e na "biorremediação" de vazamentos de petróleo. Um exemplo é o trabalho de despoluição da Baía de Guanabara, realizado pela COOPE/UFRJ, em parceria com a empresa ECOBAC, incubada da fundação BIORIO.

A saúde também constitui-se em campo igualmente promissor e com resultados já bastante visíveis na sociedade. Assim, vacinas, drogas terapêuticas, terapia genética e novas formas de diagnóstico abrem inúmeras perspectivas para acabar com doenças até então incuráveis. Atualmente, pesquisas em andamento abrem perspectivas importantes para o enfrentamento do câncer, da diabetes e de doenças do coração.

Enfim, essa multiplicidade de aplicações evidencia duas características principais da biotecnologia: interdisciplinaridade e interinstitucionalidade. Falar em biotecnologia é falar na disponibilidade de interagir, trabalhar em rede e desenvolver projetos de cooperação. Seu poder de abrangência inclui diferentes ciências naturais – como microbiologia, bioquímica, biofísica, genética –, áreas inéditas, resultantes da fusão de antigos campos disciplinares – a exemplo da bioinformática –, e mesmo as ciências humanas, como a antropologia, a sociologia, o direito e a filosofia – notadamente no que concerne às questões éticas.

Por outro lado, o trabalho em parceria é também impulsionado pela crescente complexidade dos novos produtos e processos e pelo alto custo da pesquisa envolvida na produção. Assim, são formadas inúmeras redes de parcerias, compostas por Universidades, institutos de pesquisa, governos, diversas e diferenciadas empresas, fundações e outras instituições, favorecendo a consecução dos objetivos estratégicos de cada integrante e constituindo-se em ambiente de contínuo aprendizado e de constantes inovações.

Essas redes são organizações e arranjos interorganizacionais, que reúnem diferentes capacidades em torno de objetivos comuns. Em vista disso, são palco de decisões e de escolhas de caráter local e eventual, que, uma vez feitas, condicionam decisões e escolhas futuras, dependentes tanto dos recursos de toda espécie disponíveis quanto das interpretações e idiossincrasias dos parceiros como seus membros. Aspecto relevante na constituição e na dinâmica das redes é o componente sociopolítico, envolvendo amplas possibilidades de conflitos e implicando grande complexidade no processo de formação de consenso, como, aliás, já se destacou, ao ilustrar, no primeiro capítulo, as transformações operadas no âmbito da atividade agropecuária.

Assim, a negociação entre os vários atores que integram as redes sociotécnicas das modernas biotecnologias constitui-se em elemento fundamental a considerar na formulação e na implementação de políticas para a área. E há também, paralelamente a todo esse conjunto de possibilidades de emancipação e de boa utilização dos resultados da recente atividade biotecnológica, resolvendo problemas importantes para a humanidade, outro lado, mais obscuro, preocupante, quanto aos efeitos negativos produzidos pela nova onda biotecnológica, tanto em termos de impactos ambientais, físicos e econômicos, quanto em termos da qualidade de vida e dos valores defendidos como muito relevantes para os indivíduos e as populações; o debate, por exemplo, em torno da clonagem humana é ilustrativo desse outro lado ainda obscuro e preocupante.

De qualquer sorte, o mundo avança a ritmos acelerados no desenvolvimento e na busca de obtenção de maior controle, sobretudo no plano econômico, da atividade biotecnológica. São muitos os exemplos de cooperações, fusões e trabalhos em redes biotecnológicas em todo o mundo, os quais apresentam volumes importantes de recursos financeiros implicados. Segundo Burrill & Co. (1999), citados pela *Nature Biotechnology* (2001), apenas no quarto trimestre de 1997, por exemplo, o valor total das colaborações foi de US$ 1,2 bilhão; fusões e aquisições somaram US$ 910 milhões e licenças chegaram a US$ 186 milhões.

Um dos exemplos de diferentes estratégias de colaboração, em terapia genética, é o da Ciba Geigy (Suíça), que adquiriu a Chiron (EUA), em 1994, por US$ 2,1 bilhões; comprou parcialmente a Viagene (EUA), pela Chiron, em 1995, por US$

130 milhões, e possui colaboração com a Myriad Genetics e a Isis (EUA), cujos valores variam entre US$ 30 e 60 milhões.

. Outro tipo de estratégia foi buscado pela Rhône Poulenc Rorer (RPR), representando exemplo dos mais importantes para caracterizar a formação de redes. A RPR vem destinando 20% dos gastos em P&D (que, em 1993, foram de cerca de US$ 500 milhões), em programa de terapia genética, mediante criação de divisão especial da empresa – a Gencell –, encarregada de gerenciar uma rede original, que envolve mais de 400 pesquisadores e 14 instituições, entre empresas (6 no total, sendo 5 novas empresas em biotecnologia americanas e uma filial francesa do grupo), laboratórios e institutos públicos de pesquisa. Tal empreendimento, após quase seis anos de duração, superou a primeira fase de testes clínicos, quando se avaliou a segurança dos produtos sobre pacientes. Juntamente com a americana Introgen, que faz parte do consórcio, a Gencell partiu para a etapa posterior, procurando demonstrar a eficácia do tipo de tratamento.

Há também empresas que se vêm relacionando entre si, por meio do que se tem chamado de "plataformas de pesquisa", constituídas a partir de determinado propósito comum de trabalho. Esse é o caso do programa DiscoverEase, que possibilita o acesso a uma biblioteca de novas proteínas e a um banco de dados contendo informações sobre cada uma delas.

No início de 1998, mais uma empresa, a Scios (EUA), juntou-se à plataforma genômica, organizada pelo Genetic Institute (GI/EUA), para descobertas de proteínas terapêuticas. Outras instituições participantes dessa plataforma são a Bayer (Alemanha), Chungai Pharmaceutical e Kirin Brewey (Japão), e Chiron e Genetech (EUA). Porém, o trabalho ainda está longe de seu objetivo inicial: detalhar 5.000 proteínas.

Quanto aos consórcios, em 1995, a Pfizer formou o Pfizergen, organizado para coletar dados sobre as propriedades dos genomas, e que é integrado por mais sete novas empresas em biotecnologia. Em 1996, a SmithKline Beecham recriou e estendeu uma relação com a Human Genome Sciences (HGS), sociedade americana, criando uma rede juntamente com outras grandes empresas – Schering-Plough, Takeda Pharmaceuticals, Merck e Synthelabo.

Neste caso, cada companhia paga cerca de US$ 50 milhões para ter acesso a informações geradas pela HGS, na esperança de sair na frente no Projeto Genoma Humano.

Outro consórcio é o formado por Instituições como a Glaxo Research Institute e Santa Fé Institute; este último administra a rede, chamada de Diversity Biotechnology Consortium (DBC), e que conta com outras 11 instituições. Como a Pfizergen, e diferentemente da Gencell, a DBC não é entidade legal ou divisão organizacional.

O quadro abaixo apresenta dados sobre as tecnologias pesquisadas, o número de parceiros e de pesquisadores envolvidos, assim como o investimento feito pelos três grupos de consórcio.

QUADRO 1

Tecnologias envolvidas e detalhamento de investimentos

Consórcio	Tecnologia	Parceiros	N.º de Pesquisadores	Investimento
RPR-Gencell	Eng. Gênica	14	400	US$ 300 milhões
Pfizergen	Genoma	8	250	US$ 115 milhões
DBC	Várias	13	250	US$ 0,3 milhões

Fonte: *Nature Biotechnology*, maio, 2001

Os maiores benefícios desses consórcios são, de um lado, o acesso a tecnologias complementares e a somatória de uma massa crítica bastante significativa. Por outro lado, a participação de empresa especializada em um consórcio permite uma "quase" verticalização de suas atividades, principalmente no que toca à comercialização e à distribuição. Porém, as empresas ainda hesitam em formar consórcios, em razão do risco de verem concorrentes beneficiando-se de vantagens decorrentes do acesso rápido aos resultados da inovação e também em razão do aumento da disputa em torno da propriedade intelectual.

Seguindo a idéia anterior, ao mesmo tempo em que o número de acordos de cooperação vem aumentando, cresce também o número de processos jurídicos relacionados à pesquisa em biotecnologia, sendo os mais freqüentes aqueles relacionados à aplicação da biotecnologia na agricultura. Dekalb Genetics, Mycogen, Pioneer Hi-Brend Internacional, Monsanto, Agrigenetic e Northrup King (norte-americanas), Novartis (suíça) e Agrevo (alemã) são algumas das empresas envolvidas nesses processos, principalmente no que tange à apropriação de patentes de sementes transgênicas. Somente um caso foi resolvido: uma ação da Delkab contra a Novartis. A empresa mais presente nas ações é a Genetech, com 24 processos completos ou em andamento, seguida pela Chiron e Amgen, cada uma com 16 casos. O custo dessas ações chega a US$ 3 milhões em cada uma, destacando-se os casos de disputa por patentes, que somaram mais de US$ 100 milhões, só em 1995.

Outro fenômeno importante a considerar a respeito da dinâmica e dos arranjos interorganizacionais, fusões e consolidação de redes biotecnológicas refere-se ao que se pode chamar de "publicização" de grupos de empresas privadas. Nesse sentido, segundo dados recolhidos por um *survey* feito pela revista *Nature Biotechnology*, no ano de 2000, ¼ das empresas privadas de biotecnologia, no contexto mundial, tornaram-se públicas. No ano de 1999, de acordo com o mesmo levantamento, existiam 389 grandes empresas de biotecnologia, no mundo todo; em 2000, este número caiu para 361, como conseqüência dos fortes movimentos de aquisições, trocas de nomes e fusões.

Coletivamente, as companhias públicas de biotecnologia geraram cerca de US$ 24,9 bilhões durante o ano de 2000, representando aumento de 19% em relação ao ano anterior. Esta taxa de crescimento é considerada modesta se comparada com a do ano de 1999, que teve aumento de 25% em relação ao ano anterior (1998). Entretanto, os gastos com equipamentos e desenvolvimentos de pesquisa também têm crescido, somando gasto total de US$ 9,59 bilhões durante o ano de 2000 – US$ 1,1 bilhão a mais do que no ano de 1999.

Fora dos Estados Unidos, existem cerca de 84 grandes empresas de biotecnologia, ¼ do total de empresas.

Este levantamento também dividiu as empresas em estratos, de acordo com seu faturamento anual. Segundo o gráfico abaixo, pode-se observar que apenas 12 empresas geraram receitas acima de US$ 500 milhões. Este grupo teve a inclusão de três novas empresas que não se encontravam nesse estrato no ano de 1999: MedImmune, Shire Pharmaceuticals e Andrx. No estrato imediatamente abaixo, 53 empresas geraram de US$ 50 a 500 milhões, com a inclusão de nove empresas neste estrato, comparativamente ao ano anterior. Entretanto, a grande maioria das empresas encontra-se na faixa abaixo de US$ 50 milhões, ou seja, 156 empresas geraram de US$ 5 a 50 milhões, 100 empresas obtiveram receitas entre US$ 0,5 e US$ 5 milhões e 40 empresas ficaram na faixa de lucros abaixo de US$ 0,5 milhão.

Distribuição das empresas em Biotecnologia por lucro gerado

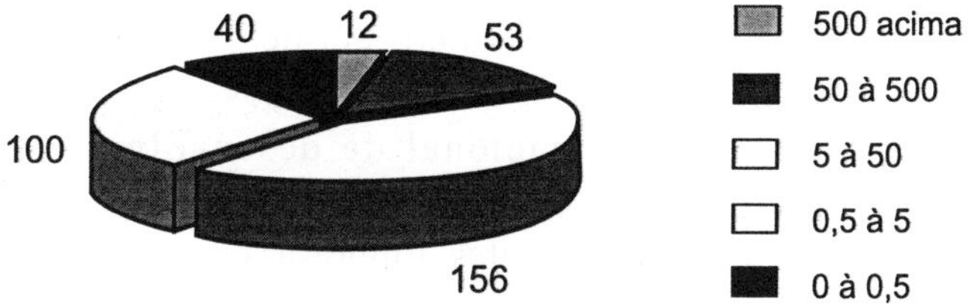

Fonte: *Nature Biotechnology*, maio de 2001

Ainda com base no *survey* da *Nature Biotechnology*, o "clube das dez" – o grupo de dez maiores empresas em biotecnologia – continua sendo liderado pela Monsanto, que, no ano de 2000, gerou um lucro bruto de US$ 5,5 bilhões, o que pode ser até curioso, se for considerada a grande polêmica que envolve a comercialização de produtos geneticamente modificados pela empresa. Outra empresa que merece destaque é a MedImunne, que no ano de 2000 teve aumento de 45% nas vendas de seu principal produto, o Syncytial, representando lucro bruto de US$ 427 milhões e colocando a empresa na décima posição no *ranking* das dez maiores empresas em biotecnologia. Destaca-se também a Immunex's, que, em apenas dois anos de entrada no mercado, já estabeleceu a marca de US$ 632 milhões, como conseqüência do aumento de 78% de seu produto para os tratamentos de reumatismo e artrites. Apenas duas empresas terminaram o ano no vermelho: a Élan, que gastou cerca de US$ 294 milhões na compra de novos equipamentos e novas aquisições, e a Genetech, terminando o ano com uma perda de US$ 68 milhões, sendo este o preço do uso de patentes da Roche.

Em relação aos gastos com P&D, este grupo das dez maiores empresas em biotecnologia representa apenas 3% do total de empresas, mas 55% do total de investimentos em pesquisa e desenvolvimento. Em contraste, as empresas que geram até US$ 5 milhões são responsáveis por menos de 1% do total dos lucros obtidos, nesse conjunto de empresas, embora seu investimento em P&D represente cerca de 16% do investimento total.

Outro dado importante é que apenas 21% das empresas listadas neste *survey* são lucrativas, diferentemente do ocorrido no ano anterior, em que este número era de 19%, das quais a grande maioria encontra-se nos Estados Unidos.

Ainda no plano internacional de desenvolvimento da biotecnologia, outra grande oportunidade que se abre para o setor produtivo é proveniente de patentes. Empresas como a Celera têm alcançado lucros de US$ 983 milhões com a venda de direitos de uso de suas patentes, e a Human Genome Sciences gerou US$ 948 milhões só com as licenças de uso de patentes.

Examinado, agora, a realidade brasileira no panorama atual da biotecnologia, verifica-se situação bastante promissora em que pese importantes obstáculos, que serão abordados mais detidamente no capítulo seguinte. Alguns fatos podem ser destacados, rapidamente, para evidenciar resultados importantes alcançados pela pesquisa biotecnológica nacional.

Inicialmente, deve ser ressaltado o relevante trabalho que levou ao seqüenciamento do genoma da *Xylella Fastidiosa*,[13] responsável pela praga do "amarelinho", nos laranjais, permitindo maior visibilidade e inserção da realidade nacional, no plano internacional. Esse trabalho alçou o País à posição de primeiro

[13] A bactéria infecta pés de laranja, reproduz-se rapidamente e entope os vasos de xilema, interrompendo o fluxo de água da raiz até as folhas e levando a planta à morte.

do Hemisfério Sul a dominar a tecnologia do seqüenciamento genético, e primeiro do mundo a seqüenciar uma praga agrícola.

O reconhecimento internacional veio em forma de matéria de capa de uma das mais respeitadas revistas científicas do mundo, *Nature*, e destaque em muitos outros periódicos internacionais, como o francês *Le Figaro*. A FAPESP coordenou o trabalho por meio da rede ONSA (*Organization of Nucleodite Sequence Analysis*) – organização que integra atualmente 65 instituições de pesquisa. A troca de informações nas redes eletrônicas de computadores, especialmente a Internet, permitiu à ONSA economia significativa de tempo e recursos e ampliação constante das instituições parceiras.

Atualmente, vem sendo pensada a criação de grande consórcio internacional, envolvendo a empresa Celera, o laboratório americano Tiger, a rede brasileira ONSA e um grupo francês, Genoscope, para o mapeamento do genoma do mosquito Anófeles, responsável pela transmissão da malária. Esse consórcio é importante não apenas por tratar de problema relevante para o País, mas pelo reconhecimento internacional da competência em recursos humanos e infra-estrutura aqui instalada.

Assim, nesse campo, as perspectivas são cada vez melhores para o Brasil, e os convites se multiplicam, a exemplo do que foi feito pelo Departamento de Agricultura dos Estados Unidos, ao encomendar estudo sobre uma variante *X fastidiosa*, que atinge os vinhedos da Califórnia.

O sucesso do seqüenciamento da Xylella tem desencadeado outros estudos genômicos no País. Entre estes, destacam-se: o trabalho sobre o genoma da cana-de-açúcar, que constitui um dos maiores projetos acadêmicos de plantas do mundo, prevendo o seqüenciamento dos 50 mil genes de cana-de-açúcar, até o fim de 2001; o estudo sobre o mapeamento da *Chromobacterium Violaceum* – bactéria encontrada no rio Negro, na Amazônia –, importante para o tratamento da "Doença de Chagas", envolvendo, esta pesquisa, mais de 160 pesquisadores, doutores e alunos de 25 universidades de Norte a Sul do Brasil, além de 65 laboratórios paulistas; o estudo do genoma do verme *Schistossoma Mansoni*, causador da esquistossomose; a pesquisa do genoma do Eucalipto;

e o Projeto Genoma Humano do Câncer. Este último Projeto de mapeamento de genes relacionados ao câncer, também apoiado pela FAPESP, é realizado em cooperação com o Instituto Ludwig de Pesquisa sobre o Câncer, e merece destaque por ter favorecido a entrada efetiva do Brasil no projeto Genoma Humano, com a valorização da tecnologia nacional.

Um ponto importante a se destacar nessas redes é a participação CONJUNTA de instituições públicas e privadas. O Projeto Genoma do Eucalipto, por exemplo, envolve empresa governamental, a EMBRAPA, e 12 outras empresas privadas. Essas empresas privadas, além do investimento direto, estão arcando com custos de experimentação em campo, montagem, plantio, adubação e outros, em um período de 5 anos, totalizando algo próximo a 3 milhões de Reais. O MCT, por sua vez, segundo o coordenador do projeto, alocou cerca de 6 milhões de Reais, por fundos setoriais, fundos estes que também advêm de recursos das próprias empresas.

Essas cooperações são impulsionadas pela crescente competitividade de Mercado associada ao alto custo de desenvolvimento de novas tecnologias. Quem não investe em melhoramento e inovação perde Mercado. Contudo, poucos têm recursos suficientes para investir altas somas em pesquisas que não oferecem garantia de retorno imediato. Os arranjos cooperativos constituem, assim, opção para dividir custos e minimizar os riscos inerentes ao setor. As redes de cooperação são amplamente utilizadas até mesmo por grandes empresas, pois, ainda que possuam laboratórios de pesquisa na própria instituição, nem sempre são capazes de acompanhar o ritmo intenso das mudanças e a necessidade constante de incorporar novas áreas de especialização e campos de atuação. Nesse sentido, é mais barato terceirizar o trabalho, recorrendo a empresas especializadas, que montar um laboratório novo ou contratar pessoal especializado a cada nova demanda empreendida por alteração de cenários ou por abertura de novos campos de atuação.

Dessa forma, a diversidade de áreas, a intensa articulação entre elas e a perspectiva de inovações constantes abrem espaço para a exploração de nichos específicos de Mercado, empreendida por pequenas empresas especializadas, na sociedade brasileira.

Essas pequenas empresas, conhecidas por NEBs (Novas Empresas de Biotecnologia), semelhantemente ao que se verifica em outros países, surgem, na sua maioria, por meio de mecanismos de *spin off*,[14] ou seja, são criadas por pesquisadores oriundos de Universidades ou por ex-funcionários de grandes corporações. Possuem, dessa forma, mão-de-obra extremamente qualificada, com *know how* em áreas específicas de atuação das novas tecnologias, embora disponham de poucos recursos para desenvolver pesquisas.

No Brasil, essas pequenas empresas vêm sendo apoiadas por "Incubadoras de Empresas de Base Tecnológicas". Estas instituições constituem-se em ambiente físico e cooperativo, em que pequenos empreendedores podem reduzir os gastos decorrentes da implantação de novos negócios, mediante uso comunitário de vários serviços, que vão desde funções administrativas – em relação ao uso da água, luz, telefone e secretaria – até as relacionadas propriamente com a pesquisa, envolvendo laboratórios e equipamentos sofisticados, também de uso comum.

No ambiente de uma incubadora, esses pequenos empreendedores têm a possibilidade, ao menos no período inicial – quando sua empresa enfrenta a fase de maior instabilidade para inserção no Mercado –, de desenvolver suas atividades produtivas e de pesquisa gastando menos com pessoal qualificado e infra-estrutura, além de poder trocar experiências pelo contato direto com outros empreendedores que se encontram em situação similar.

Além deste fato, tais empreendimentos têm acesso a cursos de gerenciamento empresarial, importantes, especialmente, aos

[14] Segundo Ferro e Torkomian (1988), esse termo se referia inicialmente "a novas firmas criadas por pessoas que deixaram empresas já existentes para criarem seu próprio negócio, no mesmo ramo de atividade em que se encontravam anteriormente, e, desta forma, tornam-se concorrentes das empresas de onde vieram". Posteriormente, o termo também passou a designar empreendimentos criados por recém-formados, que contam com o apoio ou que se encontram incubados em Universidades.

que advêm da Universidade e possuem pouca ou nenhuma noção de Mercado. Essas vantagens variam muito de uma incubadora para outra, dependendo da gestão implantada em cada uma delas, de seus objetivos, de sua localização, das relações que mantêm e do apoio que recebem.

Além das incubadoras, é importante ressaltar, no Brasil, a atuação dos chamados "Centros de Biotecnologia". Apesar de, na sua maioria, não realizarem atividades de incubação, estes Centros têm contribuído de forma significativa para o desenvolvimento da indústria biotecnológica no País e para a difusão da cultura empreendedora no meio universitário. Como referências, têm-se: o Centro de Desenvolvimento Biotecnológico, de Joinville (SC); o Centro Pluridisciplinar de Pesquisas Biológicas, Químicas e Agrícolas (CPQBA/ UNICAMP); o Instituto de Tecnologia do Paraná (TECPAR); a Fundação Oswaldo Cruz (FIOCRUZ); o Instituto de Pesquisas Tecnológicas do Estado de São Paulo (IPT); o Centro de Biotecnologia do Rio Grande de Sul (CBiot) e o Centro de Biotecnologia da Universidade de Pelotas (RS).

Vale destacar, também, o Centro de Biotecnologia da Amazônia (CBA), que, embora ainda não esteja em funcionamento, foi planejado para ser uma das mais avançadas instituições de pesquisa do Brasil, devendo vir a se constituir em um dos grandes complexos laboratoriais de biotecnologia da América do Sul, contando com unidades de pesquisa avançada em ciência básica e desenvolvimento de tecnologias e produtos e unidades de transferência de tecnologia e de prestação de serviços (www.bioamazonia.org.br/centro.htm).

Os Centros Biotecnológicos e as Incubadoras de Empresas são, portanto, instituições agregadoras e muito relevantes para o desenvolvimento do setor biotecnológico no País. Contudo, sem investimentos de grande expressão, especialmente capitais de risco, dificilmente conseguirão impulsionar a capacidade de inovação no setor.

A esse respeito, Anciães & Cassiolato (1985), por exemplo, afirmam que, por trás de cada uma das novas empresas especializadas em biotecnologia nos EUA, existe um ou vários grandes grupos como acionistas ou associações (*joint-ventures*) para a produção e a comercialização em escala industrial dos produtos obtidos. A disparada das ações de empresas ligadas à informática e à biotecnologia, na NASDAQ, é grande exemplo dessa realidade.

Finalmente, deve-se registrar o grande movimento, nos últimos 10 anos, no Brasil, de fusão e compra de grandes empresas, na área, por grupos multinacionais, tendendo a concentrar a produção e a atividade biotecnológica em poucas mãos.

Apenas para ilustrar esse fato, Paiva (2000) argumenta que:

> Com a aprovação das leis de propriedade intelectual e de direitos dos melhoristas, houve, nos últimos dois anos, uma grande mudança no mercado de sementes no Brasil. Fusões e aquisições de companhias de sementes mudaram drasticamente o cenário. Por exemplo, em 1997, tínhamos dezenas de companhias brasileiras no negócio de sementes de milho, uma delas, a Agroceres, chegou a ocupar mais de 50% do mercado; dois anos depois, as companhias brasileiras não ocupavam mais do que 8% do mercado, e uma multinacional, a Monsanto, 62%. Também neste processo de fusões e aquisições de companhias que produzem e comercializam sementes de milho houve uma transferência indireta e silenciosa do germoplasma tropical 'Elite', desenvolvido nas instituições públicas brasileiras para companhias internacionais (www.faemg.org.br/palestras/edilsonpaiva-pdf, em outubro de 2001).

O que se percebe, no momento, é uma fase de transição e consolidação desses novos impulsos do Mercado e da pesquisa, em direção a um cenário que aponta para muitas oportunidades, sobretudo decorrentes do grande potencial de recursos genéticos e de biodiversidade, aliado a considerável base técnico-científica, em que pese dificuldades importantes, a serem esmiuçadas no próximo capítulo.

Enfim, de tudo o que se disse até então, depreende-se que falar em biotecnologia não é falar de uma área específica do conhecimento, mas de um "complexo científico-tecnológico-industrial", abrangendo inúmeros campos de investigação – da ciência básica à aplicada, da geração e da adaptação tecnológica ao desenvolvimento de produtos e processos e à obtenção de inovações –, e atividades de produção, comercialização e regulamentação, articulando intensas redes de negociações e interesses de todo o tipo (econômicos, políticos, culturais e éticos de modo geral).

No plano industrial, por exemplo, o complexo biotecnológico abrange leque bastante amplo de firmas, à montante e à jusante da atividade investigativa. São, de um lado, indústrias fornecedoras de insumos, equipamentos e utensílios para a pesquisa; de outro lado, empresas que utilizam os resultados provenientes dos laboratórios e das instituições de pesquisa, realizando o processamento de fibras e a produção de alimentos e de todo um conjunto de bens e materiais para o consumo direto ou para utilização como matéria-prima para novos processos produtivos. Tudo isto é o que se entende, aqui, por biotecnologia.

Desse modo, preferir-se-á falar, neste trabalho, em "prática biotecnológica", sugerindo algo bem mais abrangente do que apenas os aspectos meramente técnicos e científicos associados ao uso comum do termo.

Com essa abordagem, e apoiado nas discussões empreendidas no capítulo anterior, quer-se ressaltar o conteúdo social da nova biotecnologia, com todas as suas implicações sobre o trabalho de construção de abordagem de avaliação, adequada a este contexto científico-tecnológico e às especificidades dessa área do desenvolvimento econômico e social.

Com a noção de prática, tenciona-se delimitar mais bem de que modo a nova biotecnologia, ao mesmo tempo em que produz resultados técnicos e conhecimentos úteis ao mundo econômico e à vida, de modo geral, desenvolve também determinadas relações político-ideológicas, ou seja, como se dá a articulação entre esses diferentes níveis da realidade (econômico, político e ideológico) e as atividades científica e tecnológicas presentes na nova biotecnologia.

De um ponto de vista estritamente conceitual, a noção de PRÁTICA é bem específica. Consiste em todo processo de transformação de uma matéria-prima determinada, transformação esta efetuada por um trabalho humano, que utiliza meios (de produção) determinados (Trigueiro, 1987). Nesse sentido, existem tantas práticas quantos forem os sistemas diferenciáveis de transformação: a prática econômica, a prática política, a prática jornalística, a prática filosófica, a prática científica, a prática ideológica, e assim por diante.

Este conjunto de práticas constitui um todo articulado e hierarquizado, em local e tempo determinados. A articulação entre as várias práticas implica a idéia de AUTONOMIA RELATIVA para cada uma delas, isto é, nenhuma se reduz deterministicamente a qualquer outra, embora todas estejam mutuamente relacionadas.

A HIERARQUIA, por sua vez, significa a dominação de prática específica (hegemônica em dado momento do desenvolvimento histórico-social de uma sociedade), bem como a existência de núcleos e centros de poder, que exercem forte influência na configuração das demais práticas, condicionando o conjunto destas, como um todo.

Pensar a biotecnologia como prática determinada da realidade social é acentuar, de um lado, sua COMPLEXIDADE – decorrente não apenas do "núcleo duro" da pesquisa e do âmbito do conhecimento, estritamente falando (em que se incluem os métodos e a linguagem científica como tal), mas, igualmente, de todo um conjunto de relações (sociais, políticas, econômicas, ideológicas), processos, organizações, atores e amplas redes de interações as mais diversas, que condicionam a prática biotecnológica; de outro lado, é ressaltar seu caráter DINÂMICO e distintivo, no conjunto de outras práticas da realidade.

No tema em tela, o das biotecnologias, é fundamental destacar o grande peso da prática ECONÔMICA, notadamente do seu componente de inovação, e do jogo político que possibilita e delimita o campo de disputa das transformações econômicas e sociais contemporâneas, jogo este que acentua o papel do Estado, no estádio atual do desenvolvimento econômico mundial e da globalização, como indutor de iniciativas, coordenador e facilitador de ações importantes no âmbito da economia e da sociedade, como um todo.

Em suma, a prática biotecnológica, que compreende complexo científico-tecnológico-industrial e que se desenvolve e realiza mediante a ação de várias redes de cooperação e interação, implica o exame de distintas dimensões (científica, tecnológica, econômica, política, ideológica, e assim por diante), todas constitutivas do mesmo fenômeno, sem o que qualquer análise é parcial e limitada.

A este desafio se propõe o presente trabalho: examinar essas várias dimensões da atividade biotecnológica, na intenção de obter visão mais abrangente do fenômeno.

Vários são os recortes possíveis nessa empreitada. São inúmeros ângulos de análise, focos, temas, que emergem do cotidiano das sociedades e que suscitam a investigação sobre a prática biotecnológica. No próximo capítulo, procurar-se-á explorar vários destes aspectos, à luz da pesquisa realizada junto a diversas instituições, diversos grupos e indivíduos que trabalham diretamente com essa prática no País.

Capítulo 3

O Desencantamento do Mundo
Diagnóstico das redes sociotécnicas de biotecnologia no Brasil

Se o capítulo anterior revelou mundo rico em possibilidades, quase que “encantado” e mágico, neste capítulo, pretende-se realçar outro lado, menos visível e conhecido, que destaca a dinâmica dos conflitos humanos e todo o jogo de interesses, frustrações, mas também de realizações e conquistas. Mediante os resultados sistematizados da pesquisa empreendida junto a diversas instituições e atores importantes da atividade biotecnológica, procurou-se traçar quadro o mais realista possível dos dilemas e das principais dificuldades encontradas nessa área do desenvolvimento econômico e social, aqui designado como Diagnóstico das Redes Sociotécnicas de Biotecnologia no Brasil.

Assim, a ciência aponta, mais uma vez, para a recorrente pretensão na qual se funda – a de buscar, crescentemente, explicar os fenômenos e avançar, sempre, em direção a níveis mais profundos de determinação da realidade –, ao se delinear, nas páginas seguintes, parte da trama na qual se desenvolve e se consolida a atual prática biotecnológica no Brasil, com base na visão de seus protagonistas. Visão esta mesma também muito marcada por pano de fundo ficcional e mítico, nem sempre claro, mesmo para os cientistas e tecnólogos que atuam mais diretamente na produção das novas biotecnologias.

Revelar e distinguir um componente ideológico marcado por visão mítica da realidade, nas atitudes de cientistas e tecnólogos ligados à prática biotecnológica, poderá, por si só, constituir-se em outro estudo, bastante importante para compreender toda a dinâmica e a complexidade da atividade biotecnológica contemporânea.

No momento, nossos propósitos limitam-se a apresentar os resultados da pesquisa desenvolvida junto a indivíduos, grupos de pesquisa, laboratórios, instituições e empresas que lidam, de um modo ou de outro, com a prática biotecnológica no Brasil. Como se destacou na Introdução, o objetivo do estudo é obter diagnóstico a respeito dessa prática, no momento atual de nosso desenvolvimento, A PARTIR DA VISÃO DE SEUS PROTAGONISTAS. Além disto, tais informações deverão subsidiar as discussões do próximo capítulo, que se concentram no esforço de construção de abordagem para a avaliação da atividade biotecnológica no País.

Em termos esquemáticos, este capítulo divide-se em duas seções, que tratarão: 1) da metodologia utilizada e das atividades realizadas no estudo; e 2) da análise dos seus resultados.

Em busca do mundo real
Metodologia e descrição das atividades da pesquisa

Ao longo do livro, tem-se procurado confrontar mito à visão científica do mundo real – objetiva e factual. Na verdade, mais do que isso, tem-se buscado mostrar que tanto um quanto outro modo de conhecimento são aspectos da mesma realidade, representações e construções humanas e sociais.

Não obstante, embora intercambiáveis e pertencentes ao conjunto das representações e conhecimentos disponíveis em contexto sócio-histórico determinado, cumprem propósitos e são estruturados segundo métodos e lógicas próprias.

O mito procura conferir sentido e interpretar o mundo, dentro de quadro sociocultural mais abrangente, que diz respeito à produção e à reprodução do mundo material, à organização política, à identidade de uma coletividade e, enfim, aos anseios de seu povo; além disso, o mito se caracteriza pela INTERPRETAÇÃO do cosmos, a partir da antropomorfização da natureza, a qual consiste em conferir, a cada componente ou manifestação da realidade física, expressões, necessidades e sentimentos tipicamente humanos, mantendo, na mesma cosmogonia, a relação entre ações humanas e divinas.

A ciência, por sua vez, mais do que interpretar e buscar o sentido dos acontecimentos, procura, fundamentalmente, DESCREVER e EXPLICAR os fenômenos, ou seja, responder por que os acontecimentos ocorrem da forma como o descremos e percebemos na realidade concreta. Também faz parte do conhecimento científico a interpretação dos fatos; contudo, diferentemente do mito, tal interpretação é calcada em evidências empíricas, demonstráveis e sustentadas com base em argumentos racionais.

Sem querer entrar em discussão mais longa e aprofundada a esse respeito, que divide filósofos, epistemólogos e teóricos da ciência,[15] pretende-se insistir no aspecto mais marcante, talvez, da ciência experimental, a saber, o seu método próprio de conhecimento e construção de teorias.

Para o presente trabalho, somente mediante investigação cuidadosa, com definições precisas e método claro e consistente, pode-se mais bem acessar o mundo real e buscar a compreensão e a explicação mais adequada dos fenômenos. Tudo isto tendo-se em conta que o resultado final, por melhor que seja o esforço e o rigor metodológico na pesquisa, terá sempre marca humana, deslizes, "pontos cegos", crenças, ideologias e ainda muito de uma ou de diversas visões mitológicas, ou seja, tudo isto é da própria natureza do conhecimento humano, independentemente do modo como é construído e do propósito que cumpre nas sociedades e nos anseios humanos.

---

[15] A discussão a respeito das diferenças entre as várias formas de conhecimento vai desde posição realista – segundo a qual tais conhecimentos distinguem-se um do outro de um modo fundamental e radical, sendo a ciência o conhecimento que procura, o mais fielmente possível, dizer da realidade aquilo que ela é – até abordagem como a do chamado "construtivismo de Bruno Latour" – para quem todos os conhecimentos são expressões da mesma necessidade humana, consistindo, antes, complexos sistemas de representação do mundo real, não existindo grandes diferenças no modo como ciência e mito são construídos Para este último autor, o conhecimento objetivo é aquele que consegue consolidar o maior número de aliados, e que é mais difícil de ser desestabilizado ou contestado (mais difícil de quebrar as suas "caixas petas", para usar sua terminologia).

De qualquer sorte, esse esforço incansável, interminável – a utopia da compreensão plena das coisas, a "essência do fogo sagrado", para usar a imagem do mito que tem sido recorrente no livro –, apenas encerra mais um desejo humano, nunca realizado, mas continuamente alimentado "pelo permanente retorno de Prometeu", em sua disposição eterna de conceder o melhor ao homem.

E é também seguindo ou buscando essa utopia que o capítulo atual destaca a idéia de DESENCANTAMENTO DO MUNDO; triste pretensão, talvez, em mundo já decaído, inteiramente impregnado pela maldição de Júpiter, em sua disputa com o Titã para obter a prerrogativa de conduzir e orientar os destinos humanos.

Nessa legítima pretensão de busca crescente do mundo real, este ponto do trabalho apresentará minuciosamente os vários procedimentos e as várias etapas que foram seguidos durante a pesquisa empreendida, a qual envolveu várias estratégias, tipos de informações e técnicas de coleta e tratamento dos dados.

Considerando os objetivos centrais do trabalho, indicados na Introdução, buscou-se definir estratégia metodológica que combinasse a utilização de dados primários com dados secundários, visando a obter quadro bem abrangente a respeito das atividades biotecnológicas no País, quadro este que não se concentrasse apenas nos aspectos propriamente técnicos, como ressaltado ao final do capítulo anterior, mas que reunisse, também, informações acerca da dinâmica econômica, sociopolítica e institucional da prática biotecnológica.

Levaram-se, ainda, em consideração, dados disponíveis na literatura especializada – apresentada na bibliografia, ao final do trabalho –, bem como ampla quantidade de informações provenientes de estudos realizados no âmbito do MCT – apoiados em *surveys* e em questionários estruturados –, e optou-se por definir abordagem de investigação que pudesse complementar e aprofundar vários dos aspectos presentes nesses dados e informações já disponíveis.

O foco central da investigação era a compreensão da percepção dos atores mais diretamente envolvidos com a biotecnologia brasileira, a respeito de como se organiza e se desenvolve essa prática, seus principais problemas e êxitos.

Assim, a ênfase recaiu na coleta de dados primários, calcados na realização de entrevistas semi-estruturadas com pesquisadores, empresários e dirigentes de órgãos públicos.

Os dados secundários – documentos e outros estudos já realizados no âmbito do MCT – funcionaram como baliza do estudo, indicando direções e pontos a merecer maior profundidade e conhecimento a respeito da realidade em tela. Com isto, pôde-se dispor de conjunto diversificado e abrangente de informações, capaz de permitir análise consistente do fenômeno.

A amostra de instituições e indivíduos a serem visitados seguiu critérios objetivos e dirigidos aos objetivos da pesquisa, buscando compatibilizar diferentes características institucionais. A idéia básica era perseguir grande heterogeneidade de atores e ambientes institucionais, que pudessem representar distintos segmentos e interesses aglutinados na prática biotecnológica brasileira.

Os critérios para esse procedimento foram os seguintes: 1) boa conceituação no sistema de avaliação da CAPES; 2) renome na área de biotecnologia (levando-se em conta análise de currículo dos pesquisadores e históricos das instituições); 3) experiência importante no que se refere à interação Universidade–empresa ou a trabalhos em redes de pesquisa científico-tecnológicas (ONSA, por exemplo); 4) localização diversificada, buscando-se incluir instituições de todas as regiões do País; 5) equilíbrio entre grandes áreas de desenvolvimento biotecnológico (meio ambiente, saúde, agrícola, química, informática); 6) utilização de financiamentos governamentais; e 7) participação em pesquisas anteriores do MCT.

A definição final das instituições e dos indivíduos componentes da amostra foi feita com base nos estudos mencionados, disponíveis no MCT, em trabalhos anteriores de membros desta equipe, e em entrevistas com especialistas, pesquisadores e dirigentes de órgãos públicos, sediados em Brasília. Da primeira lista gerada, procedeu-se à seleção mais apurada, levando-se em conta os critérios indicados anteriormente e os recursos disponíveis para realizar o levantamento.

Chegou-se, enfim, a uma relação de quase 50 instituições ou indivíduos, distribuídos nos diferentes tipos de organizações e regiões, caindo, este número, para 40, na fase de marcação das entrevistas, em razão da indisponibilidade de agenda de um ou de outro. Ao final do estudo, foram contabilizadas 48 entrevistas realizadas (16 no estado de São Paulo, 13 no Rio de Janeiro, 7 em Minas Gerais, 5 em Pernambuco, 3 no Distrito Federal, 3 no Amazonas e 2 no Rio Grande do Sul; a relação completa com as instituições encontra-se no Anexo). Das entrevistas realizadas, 8 não estavam incluídas na amostra original; a necessidade destas inclusões foi verificada no decorrer das próprias visitas.

As entrevistas se apoiaram em roteiro previamente elaborado de questões, embora se tenha enfatizado, entre os membros da equipe, na etapa de preparação, a importância de se deixar o entrevistado o mais livre possível para abordar questões que não estivessem contidas no plano inicial. A idéia era obter o máximo de informações e registros, nas visitas.

Assim, decidiu-se por gravar as entrevistas, sempre que possível, e, também, anotar paralelamente todas as impressões obtidas pelo entrevistador, nos contatos com os entrevistados.

O roteiro prévio de questões constituiu-se, basicamente, de três partes: na primeira, solicitava-se ao(à) entrevistado(a) breve relato HISTÓRICO da instituição ou do percurso acadêmico ou profissional dele(a), contendo o que ele(a) considerava mais relevante e os principais obstáculos ainda não superados, por ele(a) ou pela instituição; em seguida, o(a) entrevistado(a) deveria comentar a SITUAÇÃO ATUAL do seu trabalho ou de sua instituição, principais realizações, parcerias, contatos importantes no País e no Exterior, dificuldades quanto à gestão na organização em que trabalha – tais como processo decisório, captação de recursos e sistemáticas de comunicação –, expectativas e comentários em relação ao Governo e sua avaliação quanto à participação em programas governamentais; finalmente, pedia-se ao entrevistado(a) que manifestasse sua VISÃO DE FUTURO na área da biotecnologia no País, apontando o que considerava os principais entraves e indicando sugestões, não apenas para a superação de tais obstáculos, mas para que se pudesse pensar em mecanismos adequados de avaliação para a área da biotecnologia. A esse respeito, ficou combinado, entre os pesquisadores do presente trabalho, que, na própria apresentação e no primeiro momento da conversa, deveria ser ressaltado o interesse precípuo desta pesquisa com o tema da AVALIAÇÃO, como um dos objetivos norteadores da investigação. Fato que foi largamente explorado nos três blocos de questões.

Uma vez definidas as datas das entrevistas, que se realizaram durante o mês de agosto, dividiu-se o trabalho de levantamento de dados e de acompanhamento e complementação das informações entre os membros da equipe, ficando o coordenador com a responsabilidade de ir a todas as regiões e cobrir o maior número possível de visitas, o que foi feito, estando acompanhado de outro pesquisador nas entrevistas realizadas em São Paulo e no Rio de Janeiro. Fato este muito importante para aumentar o volume de informações obtidas e precisar determinados alvos de investigação, na troca de experiências que se sucedia às entrevistas.

Em cada visita, levávamos um conjunto de dados previamente levantados sobre a instituição a ser visitada, especialmente aqueles referentes aos estudos já realizados pelo MCT, ou seja, sabíamos, de antemão, quem e em que circunstâncias havia participado de qual pesquisa anterior. Munidos destas informações e orientações, a entrevista realizava-se em bom clima, dentro de um tempo médio de 40 a 50 minutos cada.

O material com que trabalhamos na análise foi proveniente das transcrições das gravações de 40 entrevistas e das anotações registradas em todas as 48 mencionadas. Contudo, o tratamento dos dados passou por algumas etapas, antes de se realizar a análise propriamente dita.

Inicialmente, com base nas anotações registradas em caderno, ao final de cada conjunto de visitas, elaborava-se síntese das entrevistas, incluindo hipóteses e observações feitas pelo entrevistador. Todo esse material foi classificado em tópicos e segundo os objetivos pretendidos pelo estudo.

Em seguida, trabalhando com as transcrições das gravações, foram grifados os assuntos e as eventuais citações, a serem utilizados no relatório final. Com isto, foi gerado texto contendo 83 tópicos de interesse para a análise, o qual foi complementado com o material da síntese das entrevistas, obtido das anotações pessoais.

Finalmente, após leitura cuidadosa de todos estes aspectos, procurou-se criar grandes categorias e blocos de assuntos, que pudessem reunir toda a diversidade de informações presentes nesse texto. Chegou-se a cinco aspectos principais, inferidos do conjunto de informações, os quais orientaram todo o trabalho posterior de análise.

Os aspectos destacados são os seguintes: 1) REDES em biotecnologia; 2) ATORES; 3) GESTÃO de ciência, tecnologia e inovação; 4) principais DESAFIOS; e 5) SUGESTÕES.

No primeiro bloco, que concerne às redes em biotecnologia, são listados 11 tópicos, entre os quais se incluem interação Universidade–empresa, novas empresas em biotecnologias – surgidas mediante o que se chama *spin off* – e sua articulação com incubadoras e centros de biotecnologia, parques tecnológicos, "feiras" de biotecnologia, "laboratórios temáticos" e várias outras formas originais de articulação interorganizacional.

No segundo bloco, buscou-se ressaltar a diversidade de atores que integram a prática biotecnológica no País – empresários nacionais, cientistas, tecnólogos, dirigentes de órgãos públicos, grandes grupos multinacionais, incubadoras de empresas e suas "incubadas", agências de fomento e o Governo –, com suas questões, idiossincrasias, dificuldades, críticas e expectativas mútuas.

O terceiro aspecto – gestão de ciência, tecnologia e inovação – abordou, especialmente, a problemática da avaliação e do planejamento. Além destes tópicos, também foi enfocada a comunicação entre os vários atores e as organizações constitutivas da prática biotecnológica, o *marketing*, problemas relacionados às carreiras de pesquisadores e de técnicos, a regulamentação e o patenteamento.

No bloco concernente aos principais desafios, buscou-se levantar os pontos considerados mais polêmicos e de difícil enfrentamento no futuro próximo – incluindo financiamento e capital de risco, burocratização excessiva, dificuldades com relação à importação de equipamentos e insumos para a pesquisa e o processamento industrial, concentração de poder nas decisões sobre aprovação de projetos e de novos recursos, dificuldades para grupos emergentes, evasão de pesquisadores e necessidade de fixação de cientistas em diferentes regiões, desigualdades regionais e problemas ideológicos e éticos, sobretudo no que concerne aos transgênicos.

Finalmente, as sugestões apresentam quadro bem variado de idéias para superar muitos desses obstáculos e apontam para questões importantes na relação entre Governo e sociedade civil, oferecendo contribuições relevantes para a discussão a respeito da construção de um modelo adequado de avaliação, voltado à área biotecnológica.

O mito desfaz-se?

Depois de tudo o que se viu até o presente, enfim, o véu cairá. Realidade tão forte apresentar-se-á aos olhos; mundo inteiramente novo descortinar-se-á; a última palavra será dada. O mito desfar-se-á!...

Qual nada, prezado leitor, ainda no meio de todo esse conjunto de informações, depoimentos, relatos dramáticos e queixas, novo amálgama de sonho, utopia e realidade, verdade e ficção ressurgirá pelas mãos de um clone de Prometeu.

Desfaz-se um mito, cria-se outro. Se não mais deuses, demônios e Titãs podem ser encontrados, tais quais descritos na lenda grega da criação, certamente novo mundo aparece: povoado por seres programados em laboratórios, capazes de ameaçar e roubar a liberdade dos homens; destino dominado por grandes e poderosos impérios, escravizando raças humanas inferiores, conquistados, todos nós, por seres estelares, subjugando, enfim, a vida no Planeta – quadro tenebroso, representando o castigo de um deus implacável, cioso de seus direitos, que a tudo governa e determina, sufocando qualquer descabida pretensão humana.

Esse mito também não é muito antigo? De que estranhas profundezas da alma humana brotam essas imagens? De onde vêm e de que se alimentam os medos diante do avanço do conhecimento, a ponto de marcar o universo grego e o mundo contemporâneo de chineses, angolanos e brasileiros, segundo formas e manifestações bem distintas?

Motivado por essas preocupações e guiado por um conjunto de preceitos e estratégias de pesquisa, pretende-se, nesta parte do trabalho, pelo menos de algum modo, desfazer certos mitos em torno da nova biotecnologia, abordando vários aspectos considerados relevantes no processo de investigação que fundamenta o presente livro; sabendo-se, contudo, que sempre se lidará com novos mitos. De qualquer modo, talvez assim se possa exorcizar alguns de nossos fantasmas, ou mesmo desfazer certas crenças em torno do caráter miraculoso e mágico, eventualmente atribuído às novas biotecnologias.

Triste pretensão, novamente. É possível que novos fantasmas insurjam pela porta dos fundos desta pesquisa e que novas utopias incendeiem nossas melhores esperanças em torno das novas biotecnologias.

As redes sociotécnicas de biotecnologia [16]

Uma primeira idéia que salta aos olhos quando se analisa a prática biotecnológica e todo o conjunto de protagonistas e relações estabelecidas entre eles é o caráter eminentemente articulado das várias atividades desenvolvidas. São inúmeras redes de trabalho que se recortam e se superpõem em imbricados processos, interesses, conflitos, demandas e expectativas de interação. Este é, no entender do presente estudo, o caráter mais distintivo da prática biotecnológica: a sua inequívoca configuração de redes.

A esse respeito não se está referindo apenas às redes que se apresentam, explicitamente, como tais, a exemplo da rede genômica ou da rede ONSA, entre tantas outras, mas quer-se ressaltar que, de modo geral, seja assim designada ou não, as atividades biotecnológicas constituem-se, fundamentalmente, em

[16] Esta conceituação é apresentada, formalmente, no próximo capítulo.

fenômenos de redes, ou seja, em "sistemas de arquitetura aberta", conforme expressão utilizada por um entrevistado. Sistemas estes que se apresentam como práticas sociais complexas, compondo múltiplas articulações interorganizacionais, com fronteiras não muito delimitadas no âmbito de cada unidade organizacional, sistemas normativos altamente instáveis e muito dinâmicos e trocas intensas entre vários pontos, conexões e atores componentes das redes.

Ao se pensar a prática biotecnológica como fenômeno de redes, pretende-se insistir em diferentes tipos de atores conectados entre si e possibilitando ampla variedade de trocas. Assim, grandes cadeias de fornecedores e indústrias são responsáveis pelo fornecimento de insumos, equipamentos e recursos tecnológicos indispensáveis à prática biotecnológica – à montante do processo de pesquisa –; cientistas, empresários, técnicos e estudantes das mais distintas formações e perfis acadêmicos atuam na TRANSFORMAÇÃO de insumos e conhecimentos em produtos, processos e novos conhecimentos biotecnológicos; e outro conjunto bem diversificado de indústrias e interesses comerciais e científicos utiliza tais resultados, gerando produtos de grande interesse prático, econômico e social, atingindo vários outros setores da sociedade, consumidores, governantes e o público em geral.

Esses fatos ficaram bem evidentes ao longo de todas as entrevistas realizadas, ilustrando o quanto é complexo discutir políticas para a área, especialmente formular abordagens específicas de avaliação.

No comentário seguinte, de uma representante de grande empresa, pode-se verificar a íntima relação entre os processos de pesquisa, seus resultados e os interesses que passam a se encaixar, por exemplo, à montante da prática biotecnológica, ressaltando a influência que passam a exercer as indústrias de bens e equipamentos para a pesquisa. Diz a interlocutora:

> A insulina que era inicialmente vendida com índice de contaminação de até 3.000 PPNs de contaminados, ela passou (por causa desse desenvolvimento de equipamentos, pois a teoria

> da purificação que se conhecia em laboratório não dispunha de escala para equipamentos tão sofisticados), então, dos 3.000 para menos de 1 PPN. Foi um avanço tecnológico muito grande, acoplado a um avanço científico de processos de purificação científicos anteriores. Quem se apropriou deles foi a indústria de equipamentos, porque ela é quem tinha interesse em transformar isso em bens, em produtos, para que chegasse na indústria.

Neste caso, ao mesmo tempo em que novos benefícios (médicos) passam a atingir o grande público – reduzindo consideravelmente o sofrimento e os efeitos colaterais de remédios –, novos nichos de atuação e de interesse industrial passam a se projetar na área do medicamento, tendendo a elevar, por sua vez, o custo dos gastos com a pesquisa, no novo ciclo de produção que se estabelece.

Ao se pensar na biotecnologia como fenômeno de redes, é importante destacar suas especificidades em relação a outras áreas de ponta do conhecimento e do desenvolvimento, como, por exemplo, a informática. Esta última apresenta, possivelmente, "efeito de encadeamento" muito maior que o verificado na biotecnologia, a julgar pelo modo como se implantam novas organizações, empresas, articulações e conexões entre os vários atores. A informática é de mais amplo acesso que a biotecnologia, realiza-se com equipamentos mais baratos e de mais fácil aquisição por parte dos indivíduos e grupos que a desenvolvem e requer menor grau de especialização, ao menos no nível formal, que o exigido para cientista ou tecnólogo em biotecnologia.

Nessa linha de argumentação, é muito comum ouvirmos falar que jovens de vinte e poucos anos conseguem desenvolver programas de computadores bastante originais, lançar idéias excelentes no Mercado, criar empresas, enfim, participar ativamente do mundo globalizado da informática. O mesmo não ocorre com as redes biotecnológicas, que demandam grandes somas de investimento, equipamentos pesados e caros, pessoal altamente qualificado e especializado e integração de grandes e poderosos grupos de pesquisa, inseridos em fortes organizações ou empresas da área.

Corroborando essa idéia, o depoimento a seguir expressa muito claramente, na visão de um dirigente de um instituto de pesquisa, essas diferenças entre as dinâmicas das redes biotecnológicas e de informática:

> (...) Então, na área de desenvolvimento de *software*, isso é muito visível porque, para desenvolver, (basta) a concepção do indivíduo que desenvolve e alguns computadores e só e acabou. Na área de biotecnologia, a coisa é mais complexa, requer muito mais equipamento. Requer uma infra-estrutura pesada que empresa nenhuma vai ter condições de ter. Para você ter uma empresa de desenvolvimento de qualquer produto de biotecnologia, é fundamental você ter animais de laboratório de alta qualidade, não só animais puros, mas animais transgênicos, animais geneticamente isogênicos, como eles chamam os que são geneticamente do mesmo padrão etc. (...) Então, a gente falar incubação de empresas na área de biotecnologia é uma coisa completamente diferente de falar em incubação de empresa em qualquer outra área. (...) E provavelmente uma empresa incubada de biotecnologia – o que eu estou querendo fazer com esse programa, aqui –, PROVAVELMENTE essas empresas nunca vão perder o vínculo, nunca vão perder o cordão umbilical com as entidades incubadoras, e assim permanece no mundo inteiro.

Enfim, não se quer dizer, com isso, que uma área é melhor ou pior que outra, que possui futuro mais promissor ou que enfrenta menores ou maiores dificuldades, mas quer-se insistir que existem diferenças fundamentais entre elas, que devem ser consideradas, ao se pensar na formulação de políticas voltadas para esses setores, notadamente no que tange aos processos e às abordagens de avaliação; em suma, há que se buscarem as especificidades entre elas, o que também deve ser levado em conta em outros exemplos de ponta do desenvolvimento contemporâneo.

Voltando às redes biotecnológicas, é impressionante o movimento contínuo de criação, fusão, estabelecimento de parcerias e de desdobramentos de empresas, laboratórios e instituições de pesquisa, na área. Este fato ficou muito evidente nas entrevistas, especialmente em relação ao que se tem designado *spin off*, que, conforme ressaltado no capítulo anterior, trata-se de processo de surgimento de novas empresas de biotecnologia, geradas a partir de outra organização, podendo esta ser pública ou privada, de grande ou reduzida complexidade.

Destaca-se, no contexto da prática biotecnológica no Brasil, a iniciativa de muitos cientistas aposentados e professores de Universidades – mesmo entre os do quadro efetivo –, no sentido de criarem suas próprias empresas e buscarem maior autonomia para suas atividades profissionais; nessa linha, não foram poucos os exemplos identificados de professores que também estimulavam essa iniciativa entre seus alunos, mediante apoio a consultorias juniores e ao empreendedorismo nas instituições de ensino. Essa é tendência que, supostamente, deverá ser acentuada no futuro próximo, haja vista a grande procura de estudantes e jovens pesquisadores por esses novos nichos de atuação profissional.

Na construção de novos espaços de inserção nas redes biotecnológicas, merece destaque o crescente papel e a importância de instituições PRIVADAS de ensino superior, especialmente na formação de novos quadros e perfis profissionais, mais voltados para a pesquisa aplicada e o empreendedorismo, como é ilustrado, a seguir, no depoimento de cientista sênior de uma Universidade privada.

> Aqui, como é uma universidade privada, a gente investe muito nessa visão empreendedora, na necessidade de as pessoas pensarem como empreendedores, inovarem alguma coisa no Mercado de trabalho.

Assim, dentro de múltiplas possibilidades de articulação e ocupação de novos espaços, as redes biotecnológicas no País vão-se consolidando e redefinindo antigas formas de relação entre a comunidade científica, o ambiente acadêmico e outros setores da sociedade.

Recentemente, tem-se visto o aumento de participação de centros e instituições de diferentes regiões, muitas vezes isolados do contexto mais dinâmico do País, em novas redes de cooperação em biotecnologia. São os exemplos das redes genômicas, que têm propiciado importante integração entre várias instituições, agregando competências, fomentando novas parcerias e estimulando a troca mais intensa de informações e recursos de pesquisa.

Não obstante, não se deve imaginar que esse processo signifique, pura e simplesmente, maior democratização e nivelamento entre os participantes das redes. As hierarquias ainda se reproduzem, mediante novas formas e relações de poder; reforçam-se antigas hegemonias e abrem-se novos campos de conflito, ao mesmo tempo em que se apontam para novas oportunidades e possibilidades de acesso, na prática biotecnológica.

Nas redes genômicas, por exemplo, fica clara divisão de trabalho que destina atividades mais técnicas e de rotina – a coleta de dados – a determinados centros e instituições, e a parte "nobre" – as inferências de possíveis funções de proteínas dos organismos que são codificados pelos genes seqüenciados[17] –, com forte componente de pesquisa básica, aos centros tradicionalmente hegemônicos da rede biotecnológica, no eixo sul-sudeste.

Contudo, em que pese o fortalecimento dos centros hegemônicos, na configuração atual das redes biotecnológicas no Brasil, razão, entre outros fatores, da base técnico-científica ali instalada – especialmente dos seus recursos humanos e do maior volume de financiamento e fomento à pesquisa, comparativamente a outras regiões –, as possibilidades de atuação CONJUNTA e de troca constante de informações e recursos têm sido, no entender de muitos entrevistados, excelente oportunidade de desenvolvimento de muitos centros de pesquisa. Nesse sentido, o trabalho em parceria é impulsionado pela crescente complexidade dos novos produtos e processos e pelo alto custo da pesquisa envolvida na produção.

Tendo em vista os sucessivos avanços tecnológicos, as inovações radicais ou descontínuas e a rápida obsolescência dos equipamentos utilizados na pesquisa de ponta, segundo os comentários obtidos nas entrevistas, muitas empresas e

[17] De acordo com comentários obtidos junto aos cientistas, para a demonstração final da verdadeira função das proteínas, novos e seguidos experimentos de bancada ainda deverão ser realizados, em etapa futura; experimentos estes que, igualmente, ressaltam a importância da pesquisa básica nessas investigações.

instituições optam pelos ajuntamentos cooperativos – com outras empresas, laboratórios de pesquisa e Universidades – como opção para reduzir o ciclo do tempo de inovação, pesquisar novos Mercados e tecnologias, adquirir novas técnicas, acumular conhecimentos e dividir custos.

Em resumo, se, de um lado, as redes biotecnológicas e as novas divisões de trabalho que se estabelecem entre os vários atores aí presentes – instituições de pesquisa públicas e privadas, empresas e Universidades, por exemplo, envolvendo os diferentes tipos de pesquisa e de desenvolvimento de produtos e processos – acentuam a importância de esforços combinados e a reformulação de antigos padrões de conduta nas relações entre esses atores, de outro lado, a pesquisa básica e o domínio do saber mais especializado são ressaltados tanto como condição ao avanço do conhecimento – necessário para a INTERPRETAÇÃO da imensa massa de informações produzidas –, quanto como possibilidades efetivas de manutenção de determinadas relações de poder nas redes biotecnológicas.

Durante as entrevistas com diferentes atores, ficou muito nítida a importância da pesquisa básica no atual contexto de desenvolvimento científico-tecnológico, no jogo de relações que se estabelecem com o setor privado e a acumulação de capital, ou seja, é algo a considerar o grande peso político e institucional dos núcleos e dos centros mais qualificados, em termos de pesquisa básica, nas dinâmicas estabelecidas nas redes biotecnológicas, mesmo em áreas que não utilizam diretamente tais tipos de conhecimentos. Nesse sentido, a percepção do peso e da influência da pesquisa básica na rede biotecnológica não é evidenciada, necessariamente, em esforços locais e em inovações de determinados produtos – muitas vezes demandando maior parcela de conhecimento aplicado e prático –, mas no exame do CONJUNTO da rede e em seu contexto mais abrangente.

Essas considerações tornam-se especialmente relevantes ao se deter na análise da interação Universidade–empresa, central no esforço de definição de políticas conseqüentes para a área de biotecnologia no País.

No tocante à interação Universidade–empresa, muito tem sido dito, recentemente, mediante diagnósticos os mais diversos.

Alguns focalizam o que consideram o lado muito conservador do ambiente universitário; outros, apontam para a apatia do empresariado nacional e sua falta de interesse em investir na pesquisa e no desenvolvimento tecnológico.

Em que pese boa dose de verdade em cada um desses diagnósticos, as análises, de modo geral, não conseguem avançar muito na compreensão dos reais entraves que dificultam relação mais próspera entre o meio acadêmico e o setor produtivo.

São muitas as incertezas e as dúvidas de uns com relação a outros, acusações, queixas e pessimismos. Não obstante, parece que o peso maior das reclamações recai sobre os pesquisadores e os cientistas. Vários foram os depoimentos obtidos nesse sentido, tanto entre membros da comunidade científica quanto entre as empresas – sejam estas grandes grupos multinacionais, importantes empresas nacionais e mesmo microempresas incubadas. Em seguida, são destacados alguns desses depoimentos, com o intuito de ilustrar as críticas mais freqüentes.

> – "Ele (o empresário) trabalha, por exemplo, num sistema de gerência por resultados, que é uma coisa que o cara que trabalha na universidade jamais ouviu falar. Tem meta anual, bônus em função disso. Então, é uma realidade que 90% dos professores da universidade não têm a menor idéia do que se trata. O problema já começa daí, não falam a mesma língua (de um membro da comunidade científica)";

> – "Acho que um outro problema também é que na comunidade acadêmica há pouco preparo da parte do pesquisador; sua formação não é voltada para ver esta interação como algo bom, o que é visto muitas vezes como uma prostituição da ciência (*sic*) para o Mercado, e isso é uma história que tem que mudar ao longo do tempo (de um membro da comunidade científica)";

> – "Existe ainda um preconceito muito grande quanto à vida privada nas Universidades federais do Brasil, nas Universidades de um modo geral, (mas) isso vem num processo, sendo diminuído a cada ano (de um membro da comunidade científica)";

– "A gente não conseguiu, até hoje, é encontrar um pesquisador (para fazer uma parceria); a gente encontra os pesquisadores, muitos até topam a idéia, mas na hora de começar mesmo, a pessoa, todos sem exceção, se recusaram, deram para trás (depoimento obtido junto a uma microempresa incubada)";

– "Esse [a resistência de cientistas para interagir com o setor produtivo] é um problema que talvez, de uma maneira geral, ocasiona muitas perdas de oportunidade. Muitas vezes a gente acaba fazendo as coisas pela gente mesmo, ou buscando fora, em razão, de uma certa forma, da intransigência da Universidade em se adequar ao interesse da empresa. Muitas vezes, a Universidade se coloca como: 'eu é que sei qual é o meu interesse, eu é que tenho que tratar da questão do desenvolvimento científico, e eu não posso ficar, me ater ao interesse do lucro'. Isto ainda existe, infelizmente (de um membro de uma grande empresa)";

– "No fundo, o que eles (pesquisadores) não querem ver é que são pequenos feudos que foram criados para pequenos grupos; não querem abrir mão de seu espaço e não querem entender que o mundo e a forma de fazer as coisas mudaram (de um membro de uma grande empresa)";

– "O professor universitário é como se fosse um elefante, ele tem uma força fantástica, mas não sabe a força que tem, porque não tem visão de empreendedor; então, se você abrir gavetas de professores dentro das Universidades do Brasil, você vai ver projetos fantásticos na área de biotecnologia, que serviram apenas para justificar uma dedicação exclusiva (de um empresário, egresso da comunidade científica)";

– "Olha, é muito, é muito difícil você fazer a interação Universidade–empresa, porque se nós temos esta proximidade é porque nós somos da Universidade, então nós conhecemos as pessoas com quem devemos conversar; agora, uma pessoa que não é da Universidade, ela vai via (*sic*) reitoria; então aí vem a burocracia que nunca chega no canal certo, e o mundo universitário, ele é muito diferente do mundo aqui fora; a linguagem universitária é muito diferente da linguagem empresarial. Na Universidade, a gente faz a pesquisa, você não tem tempo nem hora para você entregar a sua pesquisa; aqui fora, o pessoal quer o resultado para ontem; então aquela pessoa, por exemplo, que quer ter um contato, se ele não tiver a pessoa direcionada, é muito difícil para ele, e inclusive em termos de falar, porque são mundos diferentes, valores diferentes e visões diferentes; o professor universitário, o pesquisador, ele vive muito mais no sonho do que na realidade, basta dizer que viver com um salário que ele vive, ele é muito sonhador, né? (de um representante de uma microempresa incubada, egresso da comunidade científica)";

– "Então, embora o professor considere a parceria ainda importante, até para viabilizar algumas coisas no seu departamento e com consentimento da reitoria do departamento, do colega com quem divide a sala, ele ainda coloca em segundo plano o projeto que você colocou para desenvolver. E coloca em primeiro plano uma viagem dele ao exterior, para fazer um estágio de um período mais longo. E em vários momentos, você tem que lembrá-lo, 'olha, você assumiu um compromisso comigo de um projeto, de um produto que eu tenho que colocar no mercado dentro de um ano. Então, a gente entende que você (o pesquisador) precisa sair para fazer um pós-doutorado, um aperfeiçoamento. Mas olha aqui a gente'. Então, ainda tem muito disso, porque são culturas muito diferentes. Então, a gente vai ter que avançar um pouco (representante de uma grande empresa)".

A maioria desses depoimentos aponta para a idéia de "mundos distintos" – o da academia e o do setor produtivo –, com linguagens e culturas próprias, barreiras aparentemente intransponíveis. Muitos pesquisadores entrevistados, mesmo os que são mais críticos em relação à própria comunidade científica – em relação ao "seu despreparo para lidar com novas questões", a sua "intransigência" e ao seu "conservadorismo" –, também se ressentem do imediatismo de muitos empresários, da visão de curto prazo destes, e da dificuldade em obter recursos junto ao setor privado.

Considerando que os pesquisadores entrevistados, por estarem envolvidos com área de ponta, como é a biotecnologia, são aqueles que, possivelmente, representam os membros da comunidade científica com visão mais crítica em relação à forma tradicional de produzir conhecimentos e de interagir com a sociedade e com o setor produtivo, caso a pesquisa ampliasse seus horizontes de amostra para outros setores da vida acadêmica, provavelmente as restrições à interação Universidade-empresa e ao papel do setor privado no desenvolvimento nacional seriam consideravelmente maiores que as verificadas nos depoimentos obtidos.

De qualquer modo, ainda com inúmeros problemas, a interação Universidade–empresa, no País, particularmente na prática biotecnológica, tem apresentado importantes avanços, comparativamente a período recente, de cinco anos para cá, por exemplo, a julgar pelos comentários de vários entrevistados. Os avanços, especialmente localizados nos parques tecnológicos, nas incubadoras de empresas e nos centros de biotecnologia, permitem, certamente, visões mais esperançosas quanto aos resultados de boa interação Universidade–empresa, sobretudo no que concerne à inserção de estudantes de graduação e de pós-graduação, ao processo inovativo de microempresas e à transferência mais intensiva dos conhecimentos gerados nas Universidades e nos institutos de pesquisa, para a sociedade como um todo.

Não obstante essas possibilidades, as empresas incubadas, especialmente, apontam para a necessidade de processos mais formais e institucionais de interação com as Universidades, uma vez que, atualmente, a maior parte dessas relações é estabelecida de modo espontâneo, eventual e muito personalizado (dependendo de amizade e de contato individual entre o empresário e o pesquisador).

Também não se pode imaginar a interação Universidade–empresa como panacéia, capaz de resolver todos os problemas técnicos e estruturais de nossa sociedade. A inovação, por exemplo, depende, em larga medida, da iniciativa das empresas e dos desafios que o processo produtivo coloca aos seus protagonistas – sem querer, com isso, dar cunho muito economicista ao desenvolvimento contemporâneo; aliás, como se tem ressaltado, aqui, vale enfatizar o grande peso da esfera do conhecimento e da pesquisa conduzida nas Universidades, no próprio desenvolvimento econômico contemporâneo, e nas inovações, de modo geral, sobretudo em áreas de ponta.

Como mudanças principais nas atitudes de membros das Universidades, pode-se destacar, na prática biotecnológica, maior abertura por parte dos cientistas para interagir com o setor produtivo, e maior disposição de negociação, sem deixar de reconhecer, ainda, grandes barreiras nesse terreno. Em relação às próprias Universidades e aos institutos de pesquisa, tais membros reclamam, principalmente, da necessidade de mecanismos internos que facilitem a mediação entre as suas instituições e as empresas, que permitam melhor comunicação e decisões mais ágeis e confiáveis para ambas as partes. Isto ficou bem evidente ao se discutir o tema do patenteamento e da propriedade intelectual, quando foi bastante enfatizada a necessidade de que as instituições de pesquisa se qualifiquem efetivamente para enfrentar esse desafio; aspecto que será retomado mais adiante, ao se abordar a problemática da gestão de ciência, tecnologia e inovação, ainda neste capítulo.

Seguindo essa linha de argumentação, o processo decisório nas Universidades e nos institutos de pesquisa é visto, pela maioria dos entrevistados, como muito lento, burocrático e ineficaz, incompatível com as características do "novo modo de produção do conhecimento" (conforme discussões feitas na Introdução) e com a prática biotecnológica.

Assim, novas atitudes e novos comportamentos por parte de cientistas e empresários podem não ser suficientes para desatar os "nós" que impedem melhor interação Universidade–empresa, no País. Há, também, para os mesmos atores, conjunto de outras medidas, no nível interno dessas organizações, que precisam de ser implementadas, a fim de facilitar o entendimento e as relações entre os diferentes atores que compõem a rede biotecnológica brasileira. Medidas estas no mais das vezes, de difícil superação, em razão de valores arraigados, nichos corporativos e práticas obsoletas que se reforçam no cotidiano de muitas Universidades e instituições de pesquisa (Trigueiro, 1999).

Não obstante, especialmente entre os INSTITUTOS DE PESQUISA, nota-se esforço importante na construção de processos de planejamento e de avaliação, aliados a formulação de visão estratégica, fato este não evidenciado em igual proporção entre as Universidades, principalmente as públicas.

Por outro lado, o empresário, em geral, sabe pouco a respeito do potencial dos produtos gerados pelos laboratórios das Universidades e dos institutos de pesquisa. O que pode ser um problema de gestão empresarial, como também de dificuldade de tais instituições em apresentar, de modo mais visível, o conjunto de seus resultados de pesquisa e dos trabalhos em andamento, com grande possibilidade de aplicação prática e de desenvolvimento posterior.

Em suma, muita coisa ainda precisa de ser feita na direção das transformações organizacionais mais profundas, a fim de colocar as instituições de pesquisa do País, as Universidades e as organizações empresariais em condições efetivas de salto de qualidade, para mais bem aproveitar as inúmeras oportunidades que se lhes apresentam, hoje.

Finalmente, as redes biotecnológicas no Brasil, ao mesmo tempo em que destacam desigualdades, novas relações de poder, fragilidades organizacionais, muitas resistências e conflitos, também sinalizam para experiências importantes, a exemplo da Rede do Genoma Nacional, da proliferação de "laboratórios temáticos" – em que diferentes grupos de pesquisa se integram no mesmo espaço de cooperação e intercâmbio de informações –, de muitas formas de articulação interinstitucionais, do surgimento de novas microempresas geradas no interior de Universidades, e de maior motivação, sobretudo entre estudantes, para o empreendedorismo. Tudo isto são razões suficientes para antever cenário bastante promissor para a prática biotecnológica brasileira.

Para compreender mais bem os limites e as oportunidades daí decorrentes, é necessário aprofundar um pouco mais o conhecimento a respeito dos principais protagonistas dessa trama de relações. É o que se fará a seguir.

A fala dos atores

Neste item do trabalho, buscar-se-á enfocar diferentes atores que compõem as redes biotecnológicas no País, segundo a perspectiva e a avaliação que cada um faz em relação aos demais.

Os depoimentos e os comentários a serem apresentados estão em consonância estrita com as informações levantadas, assim como as análises e as inferências formuladas.

a) Cientistas

De acordo com o que já foi abordado na seção anterior, especialmente quando se falou da interação Universidade–empresa, os pesquisadores representam papel fundamental e muito controvertido, segundo diferentes perspectivas, na atual prática biotecnológica.

Em geral, tendem a ser vistos como muito resistentes a qualquer tipo de interação – a exemplo da articulação com o Mercado e o setor produtivo –, que, a seus juízos, venham ferir o bom *ethos* acadêmico,[18] e como alguém a apresentar visão muito crítica em relação a qualquer outro grupo de indivíduos que não participe mais diretamente de suas atividades profissionais, sejam estes empresários, membros do governo ou políticos, por exemplo.

A esse respeito, já lhes é muito estranho que qualquer outra pessoa que não seja biólogo ou cientista ligado a alguma área correlata a sua possa falar, "legitimamente", de biotecnologia; falar, aqui, significa não apenas especular, levantar comentários sobre curiosidades, admirar, enfim, como faz o público em geral, mas quer dizer escrever, publicar, propor idéias para a formulação de políticas voltadas para o setor. Isto é algo mais sério; é só para quem "é do ramo" – biólogos, geneticistas, químicos...

Dessa forma, em que pese a boa cordialidade que acompanhou toda esta pesquisa, percebia-se certo ar de desconfiança, de dúvida, quanto ao que se pretendia realizar, aonde se queria chegar com

[18] A noção de *ethos* científico é bem específica, na sociologia da ciência, significando conjunto de normas e regras de conduta que são seguidas pelos membros de uma comunidade científica. Para Robert Merton (1968), são quatro os imperativos institucionais que compõem o *ethos* científico: universalismo, desinteresse, ceticismo e comunismo (no sentido de difusão ampliada dos conhecimentos).

todas essas perguntas; enfim, "que diabos um sociólogo poderia estar querendo, por aqui?". Expressões como esta, que nunca chegaram a ser efetivamente pronunciadas, sempre estiveram presentes nas entrevistas, de modo velado, em comentários e situações que nitidamente indicavam esse tipo de atitude.

Afora a curiosidade compreensiva quanto a certo estranhamento com a pesquisa e seus objetivos (afinal não é todo dia que se depara com cientistas sociais visitando laboratórios de biotecnologia pelo País), o que se quer destacar é o fato de que tal estranhamento é indicador de algo mais que a simples curiosidade de outros profissionais com o nosso trabalho; é a preocupação incisiva, séria, talvez um sentido maior de autoproteção, com eventuais intromissões em suas labutas, em última instância, em seus espaços de poder e controle.

Contudo, também se evidenciou grande expectativa, nas visitas, quanto à possibilidade de que poderíamos levar aos "órgãos competentes" muitas das queixas que eles faziam, bem como os elogios – no sentido de reforçar iniciativas que julgavam importantes manter.

O modo grave de discutir, a fala pontuada, a gestualidade bem marcada, enfim, toda a conduta do cientista em seus laboratórios – "o jeito experimentalista de ser", no dizer de um pesquisador de uma universidade – também tem propósito e sentido bem compreendido: ressaltar a importância de sua atividade de investigação – o rigor e o distanciamento de que se deve revestir e o valor em si do conhecimento sem propósito aparente, e da pesquisa básica, em especial. Era quase como se dissessem: "Olha, tudo bem com a revolução científico-tecnológica, com as mudanças que estamos vivenciando, com a necessidade de interagir com empresas, gerar recursos, etc. Mas o meu negócio mesmo é PESQUISA, é isso que eu sei fazer, é para isso que estudei durante tanto tempo; e preciso ser valorizado e reconhecido por isto que eu faço". O que faz, a pesquisa básica, o estudo aprofundado a respeito do funcionamento dos organismos, é isso que precisa de ser garantido, fundamentalmente, para muitos pesquisadores.

Apenas para ilustrar, renomado cientista, ao destacar a importância e o papel da pesquisa básica no atual contexto de desenvolvimento da biotecnologia, chega a afirmar que se considera, na verdade, defensor do que tem de se manter nas Universidades, hoje. "E acredito", diz ele, "que existe esforço grande de parte da comunidade (científica) para a gente manter o nível acadêmico bastante elevado, senão a gente não vai nem conseguir entender as nossas tecnologias".

Assim, nas entrevistas, sobretudo entre os cientistas, esse tipo de preocupação manteve-se sempre presente, como eco permanente; algo que não se pode desconhecer ou minimizar em análises simplistas, projetadas nas críticas eivadas de ironia, como, por exemplo, naquelas que generalizam: "todo cientista parece um sonhador", "só olha para o seu umbigo", "não consegue ver nada mais que o seu laboratório", e assim por diante.

A esse respeito, um dos comentários mais freqüentes aponta para o que consideram certa "ingenuidade" do cientista, para lidar com as demandas e a lógica do Mercado e do meio empresarial. "Pesquisadores pensam em processos complexos; faltam conhecimentos dos pesquisadores sobre processos industriais" é um depoimento que vai nessa direção, obtido junto a uma empresa de biotecnologia. Ou, então, citando um exemplo entre vários outros apontados pelo mesmo interlocutor da última citação: "A gente teve aqui várias coisas ultra-interessantes, desde uma síntese que foi pensada pelo pesquisador, que usava solvente absolutamente incompatível com uma escala industrial. Ele fez a escolha do seu solvente com éter; incompatível.".

Polêmicas de ambos os lados à parte, o que importa destacar, aqui, é a evidência de muitos BLOQUEIOS DE COMUNICAÇÃO entre cientistas, empresários, técnicos do governo e políticos. De um lado, convicções muito arraigadas, preconceitos, comentários muitas vezes exagerados e injustos; de outro lado, muita desinformação sobre a natureza exata do trabalho de cada um desses atores e de suas peculiaridades e expectativas. Segundo um cientista de uma Universidade, as diferenças de visão e de linguagem são aspectos nem sempre fáceis de superar, pois envolvem distintas formações e distintos interesses. Suas sugestões vão, então, no sentido de que as instituições acadêmicas desenvolvam instâncias que venham a facilitar esse entendimento e a troca profícua de experiências. Em suas palavras:

> Eu acho que o empresário se desilude e o acadêmico se desilude, e nós não temos uma conversa; e a minha opinião é de que se não temos uma conversa, é porque não tem intermediário, não tem a pessoa com formação de passar a informação acadêmica científica para a informação aplicada, e o empresário não consegue entender a parte acadêmica, ou não dá valor. Também, não cabe a ele dar esse valor. O que eu sinto é que a gente tem de ter estas pessoas com uma cabeça diferente, uma formação diferente; a pessoa tem de ter cursos em que ela entenda tanto a parte básica como a parte aplicada; é difícil, hoje em dia, você, como um único acadêmico, agora, começar a pensar em patentes, começar a pensar em processos. Às vezes, é uma questão de você passar de um volume de 1 litro para 100 litros, e isto é uma coisa que a gente ...(desconhece); é um processo que leva, às vezes, um ano ou dois (...); para estas pessoas, existe um Butantã, eu acho que aí está havendo um progresso.

Ao longo da pesquisa, ficou muito clara essa problemática, como um dos aspectos centrais a ser superado proximamente, sem o que a prática biotecnológica no Brasil ficará muito limitada: a necessidade de ampliar e desobstruir os canais de comunicação, de melhorar, efetivamente, a circulação da informação entre os vários níveis e atores componentes nas redes biotecnológicas.

Com isso, poder-se-ia ponderar mais bem a crítica, balizar os julgamentos e propiciar novas aberturas de diálogo e entendimento entre os diferentes atores.

Assim, informações como a experiência de uma Universidade Pública brasileira que desenvolve cursos para estudantes do ensino médio, em São Paulo, com a participação da graduação e da pós-graduação; ou aquela que consistiu em cursos de extensão e de especialização ("biotecnologia para as artes") para comunidades no interior do Amazonas; ou ainda a grande contribuição na formação de novos quadros para a pesquisa biotecnológica no Brasil, tudo isso precisa de ser mais bem divulgado, no intuito de valorizar o trabalho, muitas vezes anônimo, nem sempre reconhecido – como se pôde depreender das entrevistas – realizado pelos docentes/cientistas pelo País afora. E, mesmo, muitas ações e realizações do Governo, que não chegam inteiramente ao conhecimento de vários atores importantes da prática biotecnológica brasileira.

Ao se destacar a participação e o papel dos cientistas, na prática biotecnológica brasileira, não se pode homogeneizar a análise, supondo que tais indivíduos formem consenso em torno de todas as questões levantadas, tampouco que façam parte de um único estilo de conduta ou de inserção institucional. Assim, não se está falando apenas de cientistas de Universidades Públicas ou de institutos de pesquisa do Governo, mas há que se considerar, também, o peso que, crescentemente, tem-se evidenciado, de cientistas atuando em Universidades Particulares.

A esse respeito, vale destacar que tais instituições nem sempre seguem a mesma lógica de suas congêneres públicas. E, aqui, a expressão "lógica" não se refere à estrutura e condução da pesquisa, como tal (esta segue padrões comuns de exigência e rigor científico, sem o que nem se legitimariam academicamente). Mas refere-se ao modo como se organizam e se orientam, socialmente, na prática biotecnológica, quanto: à definição de prioridades; à importância e ao papel atribuído à pesquisa aplicada; à relevância da atividade de ensino e sua relação com a pesquisa; e ao tempo dedicado a cada uma das atividades acadêmicas.

Nas Universidades Privadas, por exemplo, há que se considerar a ênfase que estas atribuem ao ensino, e as dificuldades eventualmente decorrentes dessa expectativa quanto à adequada administração do tempo destinado a essa atividade e à pesquisa. Nesse sentido, docentes/cientistas, nessas instituições, que foram formados, em geral, em Universidades Públicas – dentro de uma cultura e uma estrutura organizacional distinta daquela presente nas Universidades Particulares (Trigueiro, 2000) – ressentem-se das dificuldades em dividir satisfatoriamente o tempo entre o Ensino e a Pesquisa, queixando-se do tempo que consideram excessivo para o ensino, de acordo com as exigências da instituição.

Por outro lado, os cursos de graduação em biologia – voltados para a biotecnologia – têm tido crescente interesse por parte dos estudantes, onde o aumento na demanda por essa área nos vestibulares é visto como claro indicativo desse fato. O que tem levado os professores a olharem sua atuação no ensino como algo que, igualmente, precisa de ser valorizado, a despeito das dificuldades apontadas anteriormente, com relação à conciliação entre as suas várias atribuições acadêmicas.

Assim, o presente estudo encontrou formas originais e criativas do ensino de graduação em Universidades Particulares, ressaltando, por exemplo, a capacidade empreendedora do estudante e apontando para novo perfil de conduta profissional, que não apenas o de "estudante de carreira", como apontaram alguns depoimentos ou o de atuação acadêmica estrita.

Esses aspectos são relevantes, uma vez que sinalizam para o futuro dos novos quadros de pesquisadores do País, bem como para novas possibilidades de orientação de conduta, que podem vir a repercutir em todo o cenário que se tem apontado para a prática biotecnológica brasileira, em particular no que concerne à interação Universidade–empresa.

b) Estudantes

O fascínio que a biotecnologia tem exercido junto aos ESTUDANTES, segundo muitos entrevistados, pode estar relacionado, em geral, a caráter mais pragmático associado a essa atividade de pesquisa e aos resultados concretos provenientes dos laboratórios; ou seja, os estudantes querem, principalmente, desenvolver pesquisas APLICADAS, que possam estar ligadas a algo que a sociedade espera e considera útil.

Caso essa hipótese tenha consistência, muitos cursos e muitas práticas desenvolvidos nas Universidades deverão estar em consonância, até certo ponto, com tais expectativas dos futuros profissionais, sob o risco de grandes evasões e da busca de novos espaços de realização. Nesse contexto, será muito importante, no jogo concorrencial que se coloca entre as várias instituições universitárias, a identificação de novas necessidades de ensino, em termos de enfoques, prioridades e de escolhas de áreas prioritárias, visando a poder atrair os novos contigentes de jovens interessados nas biotecnologias.

Diante desse quadro, também não se pode negligenciar o importante papel que tem cabido aos institutos de pesquisa, na formação dos futuros cientistas –, sejam estes provenientes do nível da graduação ou mesmo da pós-graduação –, mediante a participação em programas de iniciação científica, em orientações acadêmicas e em cursos mais estruturados.

Pensar a formação de futuros profissionais não é tarefa fácil. Requer não apenas reformulações ou adaptações curriculares, mas, em alguns casos, completa reestruturação da atividade de Ensino na instituição; mudar valores e concepções arraigadas. Por exemplo, determinado pesquisador levantou a questão atinente à formação do médico generalista, que se considera desejável em muitas circunstâncias, mas que está, no entender do pesquisador, em completo descompasso com a maneira, excessivamente especializada, com que se desenvolvem, predominantemente, os cursos de medicina no País. "Quem e como se fará essa passagem de um enfoque para outro?", pergunta-se o entrevistado.

> Quem é que forma esse pessoal? Essa é uma discussão aqui da escola: Então, vamos formar um médico generalista. Ótimo, vamos formar um médico generalista. Quem sabe ser médico generalista? Ninguém; é tudo especialista. Como é que você pode reunir quinhentos especialistas para formar um generalista? Você precisa de mudar toda uma filosofia entre o médico especialista e o generalista.

Enfim, perguntas complexas que requerem muita discussão, nos vários fóruns da biotecnologia no País, incluindo o nível federal e a política de avaliação, sobre a qual se deterá no próximo capítulo deste livro. Discussão esta que deve tocar em temas candentes, como, por exemplo, o da DEDICAÇÃO EXCLUSIVA nas Universidades e instituições de pesquisa. Esse tema é polêmico, não apenas no que concerne à atuação do cientista, mas, igualmente, no que tange ao estudante.

Vários cientistas apontaram que a figura da dedicação exclusiva precisa de ser repensada, nas Universidades, até porque, segundo eles, não tem sido cumprida, "à risca" na prática. Em muitas situações, o pesquisador precisa de realizar convênios, parcerias e contratos com outras organizações, a fim de poder atender a certas demandas e exigências do setor produtivo, envolvendo, por exemplo, patentes, proteção intelectual e sigilo das informações; isto é, perguntam "onde está a dedicação exclusiva às Universidades nestes casos?". E, além disso, "se fosse cumprida ao pé da letra, muitos cientistas deixariam de dar contribuições importantes à sociedade e prestar serviços que requerem conhecimentos altamente especializados". A forma normalmente usada – a de "atividade de extensão" – em geral é considerada por eles inadequada, não expressando verdadeiramente o que se passa em inúmeras parcerias, envolvendo membros das Universidades.

Esta questão também afeta aos estudantes, especialmente aos de pós-graduação, de quem se exige, igualmente, dedicação exclusiva, para que possam obter bolsa de estudo, fornecida pelas agências de fomento do País.

São justificáveis e até compreensíveis tais exigências, na medida em que se pretende, com isso, garantir maior empenho e adesão do estudante aos programas de pós-graduação, esperando que, dessa forma, possa-se alcançar melhores níveis de qualidade por parte dos bolsistas.

No entanto, isso nem sempre pode ser verdade, notadamente em áreas de ponta do conhecimento e do desenvolvimento, em que o intercâmbio constante e intenso de experiências e a participação em diferentes ambientes organizacionais, mediante parcerias e treinamentos com objetivos determinados (dentro de uma empresa, por exemplo), passa a ser condição indispensável para que se possa, futuramente, exercer ação profissional mais conseqüente. Nas palavras de um professor de Universidade,

> Se está-se querendo alguém que faça esta transição, desde a pesquisa básica até a ponta, eu sugeriria o que eu vi na Alemanha, por exemplo, que é alguém que trabalha na empresa

> ganhar uma bolsa de estudos do governo para trabalhar dentro da universidade. (...) É claro que o objetivo disto é a formação de pessoal; eu estou dando um exemplo que era especificamente a formação de pessoal que tinha o trânsito, entende? Quando você é formado, com este trânsito de caminhar livremente dentro da universidade e dentro da empresa, você vai ter um profissional com a capacidade plena de fazer isto, e não estaria amarrado à universidade, à vida acadêmica, pois seria empregado da empresa.

Enfim, a dedicação exclusiva, da forma como é vista e empregada, atualmente, precisa, rapidamente, de ser mais bem examinada, à luz das especificidades de cada campo do conhecimento, das novas demandas do desenvolvimento científico-tecnológico e das peculiaridades organizacionais, a fim de garantir o profícuo imbricamento de experiências e a troca constante de informações, estimulada pela participação direta de seus protagonistas.

A propósito da constante troca de experiências e da importância que atribuem a parcerias, tanto no âmbito nacional, quanto no internacional, seja em termos da instituição como um todo ou de seus técnicos e pesquisadores, destacam-se os exemplos da FIOCRUZ e da EMBRAPA. Uma atuando na área dos fármacos e da medicina, outra, na agropecuária, evidenciam visões estratégicas claras e objetivos bem consolidados, no sentido de favorecer a circulação de seus membros e de seu corpo técnico, nos vários fóruns em que se decide e pratica a biotecnologia.

Não é, pois, sem razão que são as organizações que mais bem demonstraram, no conjunto das instituições visitadas, a importância da inserção em programas internacionais e em parcerias com empresas privadas e Universidades. São também as duas que mais enfatizaram a relevância de projetos institucionais e de planejamento estratégico e avaliação como formas privilegiadas de desenvolver a gestão da organização – notadamente no que se refere às decisões sobre a capacitação contínua dos seus recursos humanos.

Em suma, comunicação, articulação interinstitucional, formação de recursos humanos, dedicação exclusiva pontuam as principais questões atinentes ao comportamento e às atitudes dos cientistas, pesquisadores e estudantes, na prática biotecnológica brasileira, o que requer atenção especial por parte dos órgãos responsáveis pela formulação de políticas para o setor.

c) Empresas incubadas

Mudando um pouco o foco, faz-se mister analisar, com mais vagar, o papel de outro tipo de ator presente nas redes biotecnológicas brasileiras. Trata-se das chamadas EMPRESAS INCUBADAS, as quais já se têm feito bastante referência no presente trabalho.

Quais são suas principais demandas e reivindicações? Como elas se inserem nesse conjunto complexo de interações que caracteriza a prática biotecnológica? Que tipos de contribuição oferecem à sociedade brasileira? O que elas são, efetivamente?

Primeiramente, deve-se destacar a surpreendente participação desses atores no conjunto das várias atividades que se desdobram da prática biotecnológica. Este aspecto foi, possivelmente, o de maior impacto em toda a pesquisa, por ser um tipo de unidade organizacional em geral pouco conhecida do grande público.

Normalmente, quando se discute sobre a biotecnologia, pensa-se em grandes grupos, muito dinheiro, interesses de todo o lado, descobertas revolucionárias e coisas do gênero; como se biotecnologia fosse só isso.

No entanto, quando se aproxima a lente do fenômeno, percebe-se com bastante nitidez o esforço e a contribuição inegável de pequenas, microempresas ou "naniempresas" (micro-micro, no dizer de uma entrevistada), muitas destas fazendo parte de parques tecnológicos e de incubadoras. São "anãs", perto dos grandes grupos nacionais e multinacionais, mas que enfrentam com bravura e dedicação o jogo concorrencial, descobrindo novos nichos de oportunidade e de serviços, oferecendo produtos relevantes à sociedade e chegando mesmo a enfrentar, em alguns casos, os "gigantes".

Aliás, essas expressões – anãs, gigantes – são dos próprios representantes dessas instituições, os quais também demonstram muito orgulho do que fazem, entusiasmo e boa dose de idealismo.

Por outro lado, dizem alguns, "os pólos de tecnologia permitem que os dirigentes dessas empresas – em geral professores egressos das universidades e dos centros de pesquisa do governo – se sintam estimulados com o que fazem". São diversos cursos, palestras, projetos de valorização do empreendedorismo, nos quais têm participação ativa os vários SEBRAEs.

Assim, cria-se condição favorável ao desenvolvimento e à ampliação dessas experiências, na realidade brasileira. Condição esta que encontra, na figura do professor/cientista egresso do meio acadêmico, outro fator positivo para esse desenvolvimento.

Se, em uma perspectiva, o(a) pesquisador(a)/empresário(a) oriundo(a) das Universidades tem, pelo menos inicialmente, dificuldades em lidar com a lógica do Mercado e com uma cultura muito diversa daquela na qual foi formado, fato que se tem modificado, na medida em que lhes são oferecidas oportunidades reais de aprendizado dessa nova realidade. Noutra perspectiva, esse indivíduo pode dispor de importantes vantagens competitivas no Mercado, em razão de saber lidar com a linguagem típica do mundo acadêmico, com seus meandros, limitações e possibilidades, conseguindo identificar e ter acesso mais rapidamente a produtos com grande potencial econômico, desenvolvidos originalmente nos laboratórios de Universidades.

O comentário seguinte, obtido em entrevista com uma proprietária de uma empresa incubada, oriunda de Universidade, realça bem o argumento anterior, a respeito de algumas vantagens competitivas obtidas por quem conhece e sabe lidar com o mundo acadêmico, e, além disso, que consegue auferir maior credibilidade em decorrência dessa origem profissional. Diz a empresária:

> Nós somos cientistas, ele (outro empresário concorrente) não é cientista; a linguagem que a gente fala permite entrar em contato com outros cientistas; você altera, você modifica, você acrescenta, você faz o que ele quer, né? Então, a gente tem este fator, porque ele não conversa com o representante, ele não conversa com um leigo, ele conversa com a gente. Então, por exemplo, nós temos, hoje, um distribuidor no Rio Grande do Sul, em Santa Catarina, em Brasília e no Rio de Janeiro; e se o distribuidor tem algum médico que o questiona, ele liga

> diretamente para o meu celular.(...) Então, esse é um dos diferenciais. (...) A nossa equipe falava o seguinte: por que eu não converso com leigo, por que eu só converso com médico, com dentista? É porque são estes quem consomem o nosso produto – é o ortopedista, o neurocirurgião, é o infantodontista, o periodontista – são eles que trabalham conosco. Então, eu chego dizendo o que nós fizemos e isso é um diferencial muito grande que nós temos. É isso aqui [mostrando um livro] feito por nós mesmos, diagramado por nós; só pagamos a gráfica, para rodar; tá aqui (*sic*), é um resumo de 2 teses, uma de doutorado e outra de mestrado, e com todos os trabalhos científicos já publicados com o nosso produto em revistas nacionais, internacionais, congressos nacionais e internacionais. Então, quando eu chego perto do médico, não é para conversar com ele, eu ofereço para ele o quê? A comprovação de que o nosso produto é eficiente.

Não obstante essas possibilidades, muitas incubadas limitam-se a fazer, meramente, trabalhos de adaptação tecnológica, agregando pouco valor e poucos conhecimentos novos; são, em inúmeras situações, simples repassadoras de tecnologias de fora, importadas.

Entretanto, cumprem, ainda nessas situações, função importante, em áreas de grande impacto social, como as de diagnósticos, ambiental, de biorremediação e de tratamento de esgotos, por exemplo.

Para este tipo de empresas, as dificuldades apontadas são inúmeras: desde a dificuldade em obter financiamento e recursos para custeio até problemas atinentes à comercialização dos produtos.

De tudo o que se disse até então sobre as empresas incubadas, é importante destacar o que pareceu, para o presente trabalho, forte componente social e insistentemente evocado "comprometimento ético", nas várias falas desses pequenos empresários. São inúmeras as atividades de grande impacto e visibilidade junto ao público e aos serviços municipais e estaduais, desenvolvidas por essas instituições. É trabalho miúdo, como o da terapia nutricional – em pacientes com dificuldades de alimentação por via oral –, mas extremamente relevante e que requer dedicação integral, trabalho quase que "de corpo a corpo"; o que, no mais das vezes, não interessa aos grandes grupos de biotecnologia. Como diz uma microempresária, "nós trabalhamos direto com o paciente, então a nossa responsabilidade aqui é de 24 horas, durante os sete dias da semana". Ou ainda a mesma entrevistada, referindo-se aos componentes éticos de suas atividades profissionais: "a gente tem um perfil diferente; nós sabemos que estamos trabalhando em uma área de risco, nós temos um perfil ético extremamente acima de qualquer coisa, o perfil ético, de justiça".

Essas considerações tornam-se relevantes, na medida em que dão indicação clara a respeito da diversidade da prática biotecnológica no Brasil e do quanto são limitadas e carentes de fundamento visões estereotipadas focadas exclusivamente nos grandes grupos e interesses. Estes representam parcela inegável de contribuição à Biotecnologia; porém, a prática biotecnológica no País não se limita a eles, requerendo a devida ponderação por parte daqueles dedicados à elaboração das estratégias e das diretrizes a respeito do futuro da biotecnologia no Brasil.

Talvez, a pergunta mais fundamental seja: o que queremos, efetivamente, com a biotecnologia em nosso País? Aonde pretendemos chegar? Quais os nossos reais propósitos com essa área? Questões estas que não se podem ater, meramente, à visão técnica ou cientificista, embora estas sejam absolutamente indispensáveis; mas que exigem olhar mais abrangente sobre os vários atores, suas demandas, necessidades, e sobre o papel que desempenham nesse conjunto.

Nesse sentido, enfatiza-se a importância de mecanismos e abordagens de avaliação que dêem conta de valorizar tais especificidades, a exemplo das empresas incubadas. Como avaliá-las? Os processos normalmente utilizados para avaliar áreas estritamente acadêmicas são adequados para esse segmento das redes biotecnológicas? Como pensar, por exemplo, a concessão de bolsas do Governo para as empresas incubadas? Quem deve julgar o mérito e com base em que critérios? Enfim, no dizer de uma representante desse setor, é "justo serem avaliadas no mesmo patamar que uma White Martins, uma Fundação Oswaldo Cruz?" Para essa mesma pessoa:

> Deveria haver um programa para a incubadora de empresas e para empresas incubadas; eu diria, não para a incubadora, mas para **projetos** de empresas incubadas. Eles necessitam ser vistos com outros olhos, porque também há o lado comercial da coisa. A empresa incubada não trabalha com a pesquisa pura e simples, ela trabalha com a pesquisa aplicada, direcionada, e instantânea, que tem de dar um retorno rápido, e que se transforme em um produto, entendeu? Porque a gente vive disto aqui, a gente não pode simplesmente apoiar uma pesquisa que um dia um outro pesquisador leu em um *paper* e vai poder aproveitar esta pesquisa de outra forma; não, tem de ser extremamente direcionada, com aplicação específica e retorno o mais instantâneo possível.

d) Empresas nacionais

Outro segmento que precisa de ser considerado neste diagnóstico é o das EMPRESAS NACIONAIS. Representam, também, importante contribuição para a biotecnologia nacional, em que pese inúmeras incertezas e dificuldades com que se deparam.

Na visão de outros atores, especialmente de membros da comunidade científica, muitas dessas dificuldades são decorrentes do que consideram "um padrão de comportamento e uma visão pouco estratégica de nossos empresários, muito acostumados a um paternalismo governamental".

Segundo um dos pesquisadores entrevistados,

> O problema é nuclear, na empresa brasileira: falta a prospecção de novas idéias, novas tecnologias, falta ter um setor de pesquisa formado. Muitas vezes, a empresa tem o interesse em desenvolver um produto, faz uma parceria, mas não dá seguimento, fica apenas naquilo; ou seja, falta melhor visão do cenário. Pouquíssimas empresas investem em desenvolvimento de novos produtos a partir de suas próprias pesquisas; preferem buscar o produto já feito. Hoje, não é preciso haver um grande centro de pesquisa na empresa, pois as parcerias podem suprir este papel, mas não podem ser apenas prestadoras de serviço.

Da parte das empresas, o problema é colocado de modo exatamente oposto: querem investir, mas faltam regras claras para o Mercado e, em particular, para a área de biotecnologia, no País, o que dificulta a formulação de planos de médio e longo prazo.

e) Empresas multinacionais

Também entre os que se queixam de indefinições por parte do Governo e do que consideram fortes componentes ideológicos na comunidade científica, estão os GRUPOS MULTINACIONAIS.

Embora este segmento responda por boa parte dos lucros obtidos no setor de biotecnologia no Brasil, ainda é considerado muito limitado o investimento realizado por eles em P&D no País. Quanto a isso, seus representantes argumentam que, nos países de origem dessas empresas existem, melhores condições de infra-estrutura e de capacidade técnica instalada, para gerar novas tecnologias.

Por sua vez, pesquisadores e dirigentes de pequenas e microempresas nacionais ressaltam que o não-investimento em P&D, no Brasil, pelas multinacionais, é parte de estratégia comercial e de desenvolvimento, na qual se estabelece relação desigual de trocas, "cabendo a nós, apenas, a importação de produtos com alto valor agregado e a venda de *commodities*". "Os investimentos que eles fazem", continuam, "limitam-se a meras adaptações de tecnologia, coisa que podemos muito bem fazer sem muito esforço".

A esse respeito, é importante destacar os seguintes depoimentos, obtidos junto a pesquisadores e empresários nacionais, que expressam de modo bastante enfático o teor das principais críticas dirigidas a este último setor:

> – "As multinacionais estão investindo em pesquisa. Eu não vou dizer que é a pesquisa *top* não, mas é pesquisa de adaptação, melhoramento. Pra isso eles estão contratando pesquisadores. Inovação não, melhoramento genético. Obviamente, seria contraproducente para uma empresa,

mesmo uma empresa grande, duplicar certos esforços de tecnologia. Acho que aí há uma certa utopia nossa em pretender que uma Sigenta monte um laboratório de proteômica, se não tem essa necessidade";

– "A chance de se conseguir que uma indústria multinacional se interesse em pegar o produto que ele desenvolveu (um pesquisador brasileiro) ao longo de anos e levar pro Mercado é baixíssima, porque eles já têm todas as linhas de pesquisa e desenvolvimento, que são todas estruturadas pela política da empresa. A empresa não está voltada a ter interações com pessoas, indivíduos que vêm com uma nova descoberta. Então, é muito difícil. Você pode ter descobertas interessantíssimas que nunca chegarão ao Mercado, porque não se encontram na pauta das grandes indústrias, não há interesse";

– "Um pouco de falta de tradição acha que o produto americano vai ser melhor, acha que nós não estamos preparados. É, tanto com a estrutura técnica, quanto com os recursos humanos, eu acho que não precisa disso, (...) porque os pesquisadores que estão sendo contratados são os brasileiros, e eles me falam que não têm voz; muitos pesquisadores foram contratados e eu mesmo tive que às vezes avaliá-los; eles não têm voz, eles não podem introduzir nenhum material que não seja o Americano. Isso eu sei, porque eu já visitei todos estes campos experimentais aí".

Enfim, o que depreender desse quadro extremamente complexo e imprevisível? O que esperar do futuro aparentemente caótico que se desenha a partir de tantas controvérsias, críticas e tantos conflitos reais e potenciais? Como estruturar um campo de grandes possibilidades, diante de tantas e duras incertezas de uns em relação aos outros? Como se sustentam visões esperançosas, a exemplo da que este trabalho manifestou ao final da seção anterior, ao abordar as redes biotecnológicas no País? A julgar por esse retrato impressionista da realidade em foco, a sensação que fica é, ao contrário de qualquer otimismo, de preocupação e inquietação.

Entretanto, como já se destacou, as bases e as capacidades instaladas são sólidas o bastante para permitir visões favoráveis ao futuro da biotecnologia brasileira. A diversidade de organizações, interesses e formas de intervenção, ao invés de problemas, podem representar, justamente, condição de progresso, criatividade.

Há muito ainda a fazer, e o Estado adquire, nesse cenário, papel crucial. Se, em várias esferas da vida em sociedade, na quadra atual de nossa história, é compreensível a diminuição do poder de influência do Estado, no caso específico da prática biotecnológica brasileira, hoje, é absolutamente imprescindível o seu papel de mediador, facilitador, coordenador, regulador e indutor das várias frentes de atuação dessa prática.

Contudo, a despeito dessa presumível importância do Estado, e das inúmeras ações governamentais que vêm sendo implementadas nos últimos anos – voltadas à melhoria da ciência, da tecnologia e da inovação nacionais –, também não são poucos os problemas apontados, os quais pretende-se apresentar, esquematicamente, nessa parte final da presente seção, com a intenção de contribuir para a superação desses entraves.

f) Governo

As questões levantadas em relação ao GOVERNO foram muito recorrentes entre quase todos os entrevistados. São, possivelmente, os aspectos mais consensuais percebidos em toda a pesquisa. Descontinuidade de ações e instabilidade na alocação de recursos para a pesquisa e o desenvolvimento de produtos e processos, excessiva burocracia, lentidão nos trâmites de processos, concentração de poder, enfim, "falta de uma política explícita, clara e conseqüente", com objetivos bem visíveis e visão estratégica adequada para a biotecnologia no País constituem o cerne das reclamações na maioria das entrevistas.

No entender de uma dirigente de uma unidade de um instituto de pesquisa, há muita dispersão de esforço e de recursos por parte do Governo, comprometendo várias iniciativas dos empresários e pesquisadores que atuam na biotecnologia. Para essa entrevistada,

> O Governo ainda está atuando de uma forma muito tímida, eu diria assim, para não usar outro termo. E apostando muito ainda numa capacitação de quadros de pesquisadores; quer dizer, mesmo toda a tendência que foi utilizada em nível de PADCT, tudo isso. Eu acho que ainda é um estimulador para a formação, para a capacitação de recursos humanos. Pouco ainda para resultados objetivos em relação às necessidades sociais mais prementes. Por que eu digo isso? Porque eu acho que, sob o meu ponto de vista, hoje, nós temos, no País, de uma determinada forma, bastante competência acumulada em nível de saber científico e temos pouca experiência acumulada em nível de saber tecnológico. Quando eu me refiro assim à tecnologia eu estou fundamentalmente colocando que o Governo cria vários programas, mas não direciona nenhum deles em cima de uma estratégia de planejamento e de definição de nichos de ação.

Para vários entrevistados, o que parece mais urgente é a necessidade de que o Governo passe a investir esforços CONCENTRADOS na formulação de uma política forte para a prática biotecnológica no Brasil, definindo áreas prioritárias, estabelecendo regras claras, e buscando aglutinar consensos em torno de programas de grande impacto.

> Então, tem de se ter uma política nacional, e bem definida, para aproveitar e utilizar o dinheiro público. Assim, se o MCT e o Ministério da Saúde continuarem fazendo os projetos por 'grants' e não por programas e planos de ação, inclusive por meio de uma política definida, que a gente chama de uma política tributária de prioridades, sabendo perfeitamente o que vai tributar e o que não vai tributar, não vamos muito longe não.

É o que assinala a mesma pessoa da citação anterior, preocupada com a falta de critérios mais adequados para a alocação dos recursos provenientes do Programa de Biotecnologia do Governo Federal.

Ainda com relação ao Programa de Biotecnologia, coordenado pelo Governo, outro dirigente de instituição de pesquisa preocupa-se com o tema da AVALIAÇÃO, que, segundo ele, é algo que merece imediata revisão e discussão mais ampliada com a comunidade, a fim de se corrigirem muitas distorções. Em suas palavras:

> Há projetos que a indústria contrata, mas que não entram nos relatórios CAPES, nem em nada. Então, isso não é avaliado. Ou, em algumas vezes, porque é um projeto sigiloso, que não pode ser divulgado. Outro ponto é que você não tem uma relação crítica no final do projeto, sobre o que aquele projeto deu de contribuição para o mercado. Então, você tem lá uma pesquisa para prospecção de um fármaco, deu tudo certo, deu enzima, deu fármaco, mas nunca virou produto. Então, sob o ponto de vista do Programa de Biotecnologia brasileiro, o resultado é zero, porque o Programa quer é desenvolvimento nacional, e não apenas da ciência, quer as aplicações, os produtos. Então, eu acho que esses mecanismos são frágeis na avaliação dos programas. Na seleção de alguns editais bastante grandes, você tem que provar a sua competência prévia para a interação com a empresa, mas na avaliação final do projeto não tem avaliação do que realmente foi desenvolvido na pesquisa, o quanto melhorou e o quanto isso está repercutindo no mercado. Se o Programa é na linha científica estrita, então terá olhos apenas para publicações, relatórios CAPES, etc. Mas a avaliação do impacto dos produtos no mercado é pouco feita, o que poderia ajudar a nortear o fomento de novas áreas. O desafio é avaliar os impactos, na sociedade, daquelas descobertas. Por exemplo, qual seria o impacto, no Mercado, da formação de 1.500 mestrandos? Nada...? falta um acompanhamento ao longo do tempo que fique em paralelo com outras avaliações.

Um outro aspecto destacado nas entrevistas, e no mesmo eixo de cobranças quanto à necessidade de se formular política para a biotecnologia no País, diz respeito ao que consideram precária ou inexistente articulação entre os vários setores que compõem a prática biotecnológica brasileira.

O depoimento seguinte, feito por um pequeno empresário, é bem ilustrativo:

> Em relação ao governo federal atual, eu não consigo perceber uma política científica, política industrial, um atrelamento da política industrial com a científica; pode ser que exista, mas eu não percebo. As ações tanto de CNPq quanto de FINEP têm sido tímidas, o CNPq é o grande financiador nacional, e

> há muito tempo ele diz que está sem dinheiro. A FAPESP não tem um quinto da verba do CNPq. Nós temos que investir em educação, ensino de ciência e em ciência. Mesmo que seja para importar pacote tecnológico todo pronto, nós temos que ter cara para saber usar aquilo lá. Corremos o risco de ter o ignorante tecnológico. Ciência no ensino médio e financiamento de pesquisa.

O problema da desarticulação entre os diferentes setores, nas ações governamentais voltadas à biotecnologia, é muito apontado, não apenas, como se verificou no último depoimento, entre as diferentes esferas da sociedade civil, ou entre a indústria e a ciência, o ensino médio e a pesquisa, mas, também, e não menos importante, entre os próprios órgãos que integram o Governo Federal. "Nem eles se entendem", dizem muitos entrevistados. Segundo as palavras de um desses interlocutores,

> O grande problema do Brasil, hoje, nem são ciências e tecnologias, interação Universidade–indústria; eu acho que o grande problema hoje está em nível governamental; ou seja, os ministros não se falam, e você quando tem qualquer deste tipo de decisão, como é que eu vou fazer? (...) Vivem criticando a indústria, que a indústria não faz pesquisa; não pode fazer pesquisa porque você, para ter indústria farmacêutica, tem que ter uma orientação, uma orientação do Governo; ou seja, não é organizar, tem que sinalizar, nós queremos ir para a área de Biotecnologia, nós queremos ir para algum lugar; agora, para fazer isto, você precisa ter, conversando na mesma linha, o Ministério da Ciência e Tecnologia, o Ministério da Fazenda, o Ministério das Relações Exteriores, o Ministério da Saúde, e o Ministério da Indústria e Desenvolvimento. (...) Então, ou os ministérios se conversam e partem, planejam e dão uma indicação de o que querem da indústria, ou não vamos a lugar algum.

Na linha da queixa em relação à descoordenação no nível do Governo, pesquisadores, dirigentes de institutos e empresários foram enfáticos quanto à necessidade de que, especialmente, a política econômica nacional esteja muito bem sintonizada com os avanços pretendidos na ciência e na tecnologia; o que, segundo muitos deles, não ocorre. Aliás, não apenas não está sintonizada, mas está em "completo desacordo", em "confronto" mesmo com as necessidades do desenvolvimento científico-tecnológico, segundo muitos depoimentos.

Por exemplo, um representante de uma empresa nacional chega a afirmar que o que o Governo tem de fazer é:

> (...) incentivar as empresas a agregarem valores aos seus produtos, para levar para as outras áreas em que você procura se associar. Junto com o desenvolvimento agrícola, também há coisas que são ligadas à saúde, que hoje é um dos principais ramos em termos de desenvolvimento mercadológico; o Mercado de saúde, hoje, é de 300 TRILHÕES de dólares, não é um tostão não, e quando eu falo em saúde eu falo tudo.(...) Mas quando você investe em saúde, em Biotecnologia, você também tem que pensar que nós temos uma coisa que está muito pouco explorada, no Brasil, que é justamente a área de Biodiversidade. E é aí que você pode acoplar Biodiversidade, Biotecnologia e o desenvolvimento agrícola, e ao lado do desenvolvimento agrícola a indústria da saúde, porque se você tem um estudo melhor da Biodiversidade, você vai ter novas moléculas, novos componentes para estudar, você vai ter uma agricultura de nível mais elevado. Isto porque, na hora em que eu vou fazer um produto fitoterápico para ser utilizado como suplemento dietético no futuro, para melhoria da saúde, fazendo prevenção da saúde e não o tratamento da doença, o que eu vou ter? Vou ter de plantar este produto, ele vai ter de ser renovado, eu vou ter de fazer com que ele seja desenvolvido com tecnologia, talvez até a própria Biotecnologia, para que ele não sofra todas as alterações do meio ambiente; ou para melhorar a produção de determinada substância, e assim por diante. Mas tudo isso requer uma política clara, investimentos e uma linha econômica diferente. (...) É preciso muito dinheiro para investir e isso não temos o suficiente; assim, se fosse eu o dono da empresa, já teria vendido, porque você pega uma empresa que vende 300 milhões por ano, você tem um risco constante, dia e noite, porque ela sofre as interferências externas, ela é obrigada a ficar no 00 ou quando muito chegar a 1%. Se eu pegar este dinheiro e colocar no banco, eu vou ter 20%, então se eu vender a minha empresa por 300 milhões, que é o valor dela de Mercado, hoje, eu ponho isto aí a juros no Banco sem ter dor de cabeça nenhuma e eu vou ganhar 60

> por ano, sem nenhum tipo de dor de cabeça. E, aqui, quanto é que ganha? No ano passado, nós ganhamos 4, este ano aqui nós não vamos ganhar nada pelo jeito, se continuar assim.

A citação longa se justifica, em razão de expressar as várias conexões entre a pesquisa, a tecnologia, o capital financeiro e a política econômica do Governo, de modo bastante claro e bem representativo de um conjunto de outras manifestações nesse sentido.

Outro aspecto relevante obtido nas entrevistas diz respeito ao que consideram a necessidade de que o Governo promova mais intensamente iniciativas que venham a favorecer a associação entre as empresas, as Universidades e as incubadoras de empresas, que estimule o empreendedorismo e que facilite a criação de novas empresas de base tecnológica.

Essa preocupação, até certo ponto, vem sendo já contemplada no programa dos fundos setoriais, especialmente no fundo verde-amarelo – que, entre outras coisas, procura estimular a associação Universidade–empresa –, e na proposta da "Lei das Inovações", recentemente apresentada à sociedade.

Aliás, em que pese alto consenso sobre inúmeros pontos e críticas provenientes de vários atores que integram as redes biotecnológicas no Brasil, relativamente às ações do Governo, pôde-se constatar, também, ao longo de toda a pesquisa, baixo nível de informações e conhecimento por parte desses atores a respeito do conjunto das ações e das iniciativas que estão sendo colocadas em prática. Fato este que reforça comentário feito anteriormente, a respeito da necessidade de se investirem esforços, paralelamente às ações, aqui aludidas, na melhoria da COMUNICAÇÃO entre todos os níveis e setores componentes da prática biotecnológica brasileira. Muito se faz e pouco se conhece de cada um; e todos perdem, muitas vezes, em críticas mal fundamentadas, calcadas, em algumas situações, em mero repasse de impressões típicas de senso comum, quase que a repetir um mesmo refrão, como muitas das reclamações, aqui, comentadas; as quais não expressam devidamente as diversas realizações governamentais em curso, mediante vários programas de fomento e de apoio à ciência e à tecnologia brasileira.

Enfim, o que precisa de ser feito, por parte do Governo, a esse respeito, a fim de, não só corrigir problemas reais, mas de fazer chegar, nas vários grupos de beneficiários das políticas governamentais, as informações precisas sobre tais realizações e iniciativas? Nesse sentido, parece absolutamente indispensável ampliar a divulgação dos programas em andamento, das várias linhas de financiamento, e das resoluções mais relevantes. A impressão que fica é de que, em razão de um desconhecimento de muitas dessas possibilidades, o Sistema Nacional de ciência e tecnologia esteja subtilizando a capacidade já disponível e a oferta de recursos; e não se está falando apenas de recursos financeiros, mas de todo um conjunto de mecanismos e de regulamentações que poderiam ser mais bem utilizadas.

Assim, o trabalho considera este um ponto que merece atenção destacada por parte do Governo, em suas atribuições de coordenação do sistema: melhorar a sua imagem perante o público de cientistas e de empresários e tornar mais evidentes as suas ações e proposições normativas ligadas ao desenvolvimento científico-tecnológico.

Não obstante, muito também pode ser feito, por meio de legislações específicas, como abatimentos em impostos, para aumentar o investimento em P&D, desburocratização das exigências e das garantias para pequenos e microempresários (especialmente os proprietários de incubadas) no acesso ao financiamento dos recursos públicos. Estes aspectos deverão ser ainda abordados mais adiante.

Finalmente, é importante registrar, neste tópico, em que se abordaram os atores das redes biotecnológicas no País, dois aspectos que despertaram bastante a atenção em nossa pesquisa.

O primeiro diz respeito ao forte componente de IDEALISMO que se constatou na atividade de produção biotecnológica no Brasil; algo que realmente se destacou, em muitas visitas. Muita coisa tem sido feita com vontade, determinação e dedicação, pelo País afora. Na Amazônia, por exemplo, é impressionante a demanda crescente de estudantes e interessados em estudar e participar de pesquisas em biotecnologia, ligadas a temas e à problemática da Região. São sinais claros de que muita coisa positiva pode ser gerada a partir desse esforço e entusiasmo.

Outro ponto diz respeito à grande capacidade de lideranças, identificadas em todo o sistema, repercutindo decisivamente na criação de novas frentes de atuação, na formação de recursos humanos e na proliferação de experiências bem sucedidas. Este fato parece evidenciar a importância do carisma e da força aglutinadora de alguns líderes e empreendedores – pesquisadores e empresários –, na implementação e no desenvolvimento da biotecnologia nacional.

Na próxima seção, pretende-se abordar tema que emergiu das visitas como algo central e que deve ser considerado como parte fundamental da construção de políticas públicas para a prática biotecnológica no País, a saber, o tema da gestão da ciência, tecnologia e inovação.

A gestão de ciência, tecnologia e inovação

Das discussões anteriores, depreende-se que um dos entraves para a prática biotecnológica no Brasil relaciona-se à sua gestão. Trata-se de um conjunto de questões concernentes às sistemáticas de comunicação, em seu sentido mais amplo, ao processo decisório, à alocação de recursos, à organização da pesquisa e de sua relação com o ensino e o setor produtivo, e à avaliação e ao planejamento, por exemplo.

Entre todos estes aspectos, a COMUNICAÇÃO pareceu, ao presente trabalho, o grande desafio a enfrentar. Em todos os níveis, processos e relações entre os atores, o principal problema, de um modo ou outro, decorre de bloqueios e entraves no fluxo de informações e no entendimento entre os vários componentes das redes biotecnológicas no País.

Conforme se destacou anteriormente, há muita desinformação, conhecimentos superficiais a respeito das atividades que outros atores desempenham, distorções. A informação, em geral, fica muito concentrada, nem sempre é confiável, havendo, ao que se percebeu, muita manipulação de dados.

Desobstruir os canais de comunicação e ampliar o fluxo de informações de boa qualidade ao longo das redes biotecnológicas é, possivelmente, a primeira grande empreitada no tocante à gestão nessas redes.

No âmbito das Universidades, percebe-se a necessidade de se criarem mecanismos mais efetivos de comunicação e de divulgação dos resultados das pesquisas para a sociedade, permitindo que empresários, dirigentes de organizações não-governamentais e o público em geral possam ter acesso rápido aos conhecimentos já disponíveis e potenciais para aplicação prática. Trata-se de incrementar, consideravelmente, os setores de comunicação social nessas instituições, bem como o jornalismo científico e o que se poderia chamar o *marketing* acadêmico. O mesmo pode valer para os institutos de pesquisa, públicos e privados.

Por outro lado, a grande mídia também é instada a participar mais efetivamente desse processo mais amplo de comunicação em torno das biotecnologias. Há muitas questões que precisam de ser mais bem esclarecidas para a população, evitando-se distorções e receios desmedidos por parte do grande público, os quais poderiam prejudicar muitas experiências e realizações, exacerbando o caráter ideológico. Fato que se pode evidenciar na problemática atinente aos transgênicos, a ser discutida na próxima seção.

A iniciativa a respeito da melhoria da comunicação na prática biotecnológica brasileira não pode se ater exclusivamente ao Governo, embora grande parte das ações dependa dele. Mas deve envolver todos os atores em seus mais diferentes espaços de atuação. Do grande empresário ao cientista, do dirigente de instituição pública ao responsável por uma incubadora de empresas, todos precisam de investir esforços na superação dos obstáculos de comunicação, evidenciados na presente pesquisa, sem o que muito do que se venha a planejar pode não sair do papel ou ter grau de eficácia muito reduzido, por falta de comprometimento e esclarecimento sobre o que precisa de ser feito e em que condições.

Ao lado das questões que envolvem a busca de melhor comunicação nas redes biotecnológicas do Brasil, é crucial incrementar as formulações estratégicas e os processos de planejamento, em todos os níveis e tipos de instituições.

Poucas foram as instituições que mostraram preocupação em relação a esse assunto e que efetivamente vêm-se dedicando a isso. As que têm trilhado por esses caminhos e práticas da gestão contemporânea são também as que vêm apresentando elevados níveis de sucesso e visibilidade.

Considerando que a prática biotecnológica é extremamente dinâmica, sujeita a muitas turbulências e novas oportunidades, é imprescindível que as organizações que dela tomam parte, não importa o tamanho e a sua complexidade, desenvolvam projetos institucionais e estratégicos, a fim de não se perderem em grande emaranhado de situações, sob o risco de duplicação de esforços, de não aproveitamento do seu pleno potencial e de suas capacidades e vantagens competitivas, de disputas em setores para os quais não se dispõe de *expertise*, de entrar em concorrências desnecessárias e de não ocupar espaços de atuação importantes.

Tudo isto requer bom direcionamento estratégico, estudos prospectivos, construção de cenários e formulação de projetos de desenvolvimento institucional, de largo alcance.

Não obstante, ainda se percebem muitas resistências e preconceitos, sobretudo no meio acadêmico, quanto a essas necessidades. Entre um ceticismo e uma fina ironia, muitos pesquisadores demonstram claramente o seu desprezo e má vontade em discutir o tema do planejamento estratégico; aqueles que atuam em Universidades Públicas estão entre os que maior resistência apresentaram com relação a esse assunto, bem como esse tipo de instituição é aquela que, no conjunto, evidencia as maiores dificuldades em formular planejamentos e implementar concepções estratégicas de largo alcance. Não é sem razão, portanto, que as Universidades, especialmente as do setor público, são as instituições que mais dificuldades apresentam para formular planejamentos estratégicos. Em muitas situações, parece que esse planejamento viria retirar parcela importante de autonomia dos docentes/cientistas, na medida em que poderia questionar práticas arraigadas, determinados processos decisórios e mesmo certas orientações de conduta entre tais indivíduos; e isto se verificou, mesmo quando os argumentos apresentados ao interlocutor vinham o sentido de mostrar que a inexistência de visão institucional estratégica e de um plano global tende a aumentar as perdas de oportunidade para eles próprios, e acentuar o conflito interno e a dispersão de recursos, com a conseqüente perda da qualidade nos resultados organizacionais e no seu próprio trabalho.

Nada disso é muito levado em conta. Predomina visão refratária ao planejamento, espírito corporativo e condutas orientadas para ganhos imediatos, em várias instituições e empresas que integram a Biotecnologia nacional.

Também entre as empresas, notadamente as pequenas e microempresas – imersas num cotidiano intenso de trabalho, concentrado em pouquíssimas pessoas (em muitas empresas, o proprietário é, a um só tempo, o homem de vendas, o pesquisador, o negociador com o governo, o professor e, sobrando agenda, o responsável pelo *marketing*) – a pouca importância ao planejamento estratégico é bem evidente. Ficam de fora dessa constatação apenas grandes empresas e grandes organizações de pesquisa.

Para um representante de uma dessas organizações, a falta ou a precariedade de planejamento, tanto no nível das organizações quanto no do próprio Governo, é o maior problema da nossa ciência e tecnologia, com conseqüências práticas diretas na rotina dos laboratórios. Em suas palavras:

> O maior problema de C&T no Brasil é a falta de planejamento. O exemplo que a gente tem, que mostra muito bem isso, é o sistema da FAPESP. A grande lição é a seguinte: deixa de falar que a gente não tem competência e injeta dinheiro nas pessoas com planejamento, regularidade e seriedade, de forma desburocratizada. Pois, se é pra fazer um processo de importação, fica-se a não sei quantos dias montando esse processo.

Mas não se pode imaginar que todas essas iniciativas possam ser conduzidas com a atual estrutura das nossas universidades e instituições de pesquisa. Há muitos setores obsoletos, práticas ultrapassadas, sistemáticas arraigadas, que criam feudos e grupos se auto-reprozindo ao longo do tempo.

Em várias entrevistas, foi destacada a necessidade de se criarem mecanismos novos, processos e instâncias capazes de dar conta de responder a diversos novos desafios trazidos pelo atual estágio de avanço do conhecimento e de desenvolvimento econômico: em suma, a necessidade de se criarem órgãos específicos para a gestão da ciência e da tecnologia nessas organizações. Essa idéia ficou bem evidenciada ao se abordar o tema do patenteamento e da proteção intelectual, quando se ouviram comentários a respeito da imensa precariedade com que esse assunto é tratado, em geral, nas Universidades e nos institutos de pesquisa.

Uma das funções importantes a ser preenchida por esses novos setores nas organizações de pesquisa e nas Universidades é a de constituir "elos" entre estas e a sociedade. Atualmente, nota-se um claro, um vazio nessa relação; há a necessidade, apontada por muitos, de se criarem mecanismos de mediação que atuem na identificação de novas frentes de pesquisa, novos perfis profissionais e que favoreçam a comunicação entre o mundo acadêmico e o setor produtivo, por exemplo. Isto requer atribuições e formações específicas, que, em geral, fogem ao perfil do empresário e do pesquisador. Esses novos mecanismos seriam como "sensores", no dizer de uma cientista, que identificariam novas oportunidades e possibilidades de ação e interação.

A esse respeito, é bem ilustrativo o depoimento de um pesquisador de Universidade. Diz ele:

> Então esse desenvolvimento deve ter uma amarração de início, de uma indústria interessada naquele desenvolvimento, que não é uma garantia, mas que já é um sinal de que aquela pesquisa vai chegar numa certa etapa de pré-teste para comercialização. Se não houver a indicação do alvo da pesquisa no seu início, a chance de obter produtos interessantíssimos e não conseguir aplicá-los no Mercado é muito grande, porque você não estabelece este diálogo com as empresas com facilidade. Isso a gente vê com bastante clareza, com pesquisa de prospecção de fármacos e de antibióticos. (...) Neste ponto, pouquíssimas indústrias nacionais teriam a capacidade de desenvolver estas idéias e descobertas em produtos de Mercado. Um exemplo é que você vai chegar numa Empresa X dizendo que tem uma enzima interessante; pra chegar neles já será muito difícil, pra eles se interessarem em desenvolver; então, você fará um péssima negociação; o pesquisador não está preparado para essas negociações comerciais, o máximo que a indústria conseguir negociar, melhor. Então, nessa parte, faltaria

> um MECANISMO MEDIADOR neste ponto, que faria parte do processo de pesquisa como um todo. Você teria uma equipe da pesquisa básica, uma da negociação e outra do desenvolvimento industrial, todas as equipes imbricadas. A equipe de negociação deveria ser bastante crítica no começo do projeto, pois eles dirão o quanto custa fazer a pesquisa, o pesquisador avaliaria este custo baseado no laboratório, em equipamentos, viagens, o que seja, mas não no eventual retorno financeiro, no lucro que aquele produto pode gerar, pois não é a sua formação, o que faria uma equipe de negociação; como hoje existe num escritório de patentes, onde o pesquisador vai e entrega o seu arrazoado da patente e quem faz o desenvolvimento da patente é um advogado especialista e não um pesquisador da área. Este tipo de organização para a biotecnologia ainda não é feito no País.

Na verdade, há experiência interessante nesse sentido, na FIOCRUZ, em uma de suas unidades – "Farmanguinhos" – que tem começado a atuar com o que chamam de "Núcleo de gestão de projetos". Se esse setor da Farmanguinhos não desempenha ainda inteiramente essa função de mediação entre a organização e a sociedade (até porque a experiência ainda é muito recente), trata-se, no entanto, de original proposta visando a aprimorar a gestão da pesquisa e do desenvolvimento, articulando as diferentes fases da investigação até a obtenção do produto ou processo final. Tudo isso consiste em importante coordenação de todo o trabalho nessa unidade da FIOCRUZ, evitando dispersão de esforços, cuidando dos objetivos precípuos da organização e criando sinergia interna entre diferentes equipes.

Além dessa experiência na FIOCRUZ, existem vários outros escritórios de transferência de tecnologia (na UnB, USP, Unicamp e UERJ, para citar apenas quatro situações),[19] como exemplos importantes de esforços no sentido de incrementar processos de

[19] O Núcleo de Propriedade Industrial da Universidade de Brasília – NUPITEC (www.cdt.unb.br); o Escritório de Difusão e Serviços Tecnológicos da UNICAMP – EDISTEC (www.unicamp.br/prp/edistec); a Coordenadoria Executiva de Cooperação da USP – CECAE (www.cecae.usp.br) e o Programa de Propriedade Intelectual e Transferência de Tecnologia da UERJ – PITT (152.92.106.59/pitt/).

gestão de ciência, tecnologia e inovação e de melhorar as articulações interorganizacionais

Outro ponto de grande importância ao se discutir a gestão da prática biotecnológica e que é central para os objetivos do presente trabalho diz respeito à AVALIAÇÃO. Tema de grande complexidade e implicações políticas, não pode ser minimizado, reduzido ao nível puramente técnico, da mera formulação de indicadores, por exemplo. Não é essa a intenção deste estudo, que reservou o último capitulo especificamente para tratar desse tópico.

Entretanto, faz-se mister ouvir muitos interlocutores, especialmente os diretamente envolvidos com a prática biotecnológica, a fim de que as discussões que se farão posteriormente sejam balizadas pelas preocupações aqui identificadas.

Primeiramente, deve-se registrar que o tema da avaliação pontuou a parte mais polêmica de quase todas as entrevistas, segundo críticas ora recorrentes, ora bem específicas, mas sempre com um tom de gravidade e muita preocupação, ou seja, não foi assunto considerado banal pelos entrevistados.

Talvez a queixa principal gire em torno da reivindicação de que o Governo pense e desenvolva formas mais adequadas e diferenciadas de avaliação, capazes de darem conta e de refletirem, de fato, a realidade, plural e extremamente heterogênea, das redes biotecnológicas no Brasil. Assim, dizem muitos deles, "não podemos ficar reféns de um único modelo de avaliação, que acaba por sempre nos punir, e justamente naquilo que fazemos melhor". O que criticam é a hegemonia de enfoque considerado "excessivamente cientificista" para avaliar atividades de biotecnologia.

Presumivelmente, o ponto de partida para se poder avançar nesse tipo de discussão seja saber o que, efetivamente, será avaliado e o que se pretenderá com isso. Avaliar o que e para quê? Sem estas questões devidamente esclarecidas fica muito difícil compreender como superar determinados entraves teóricos e práticos nessa problemática.

A impressão que se tem, ao final da pesquisa, é que nem uma nem outra questão é minimamente consensual entre os vários envolvidos com a biotecnologia, no Brasil, incluindo os responsáveis pela condução desse assunto, no nível Federal.

Sem entrar aqui com reivindicação alguma, inadequada, de possuir a resposta cabal e definitiva sobre o assunto, o presente trabalho, à luz dos vários depoimentos e do que se tem escrito sobre o tema da avaliação, pretende tocar em alguns desses temas polêmicos.

Por exemplo, um dos focos centrais diz respeito, como se apontou anteriormente, ao que nossos interlocutores consideram um "viés cientificista" das avaliações, na prática biotecnológica, especialmente na ênfase ao critério de publicações. A esse respeito, e reforçando tal posicionamento, há de se considerar que a prática biotecnológica é desenvolvida por diferentes tipos de atores, com perfis muito distintos, os quais nem sempre se "encaixam" dentro de expectativas de realização tipicamente acadêmicas.

É o que ressaltam vários depoimentos, principalmente de empresas incubadas, apresentados a seguir:

> – "Nós desenvolvemos um dispositivo que transfere 2 quilos e meio, 40% do consumo energético, (...) e vem um parecer de uma pessoa que não tem a menor visão do Mercado, falando de publicação científica; eu não estou aqui para ver estabelecer pureza do caroço da azeitona. Estas coisas assim não servem para ninguém";
>
> – "Indicadores como publicação não podem existir para a área biotecnológica. Isso é complicadíssimo. Você pode ter patente, por exemplo. Pesquisador, tantos anos na área, quantas patentes ele tem? Das patentes quantas foram realmente efetivadas? Porque você ter a patente não significa nada, pode ser um negócio que ninguém quer, por mais que seja novo, mas não vai pra frente. (...) Em relação à publicação, o problema são as normas. Se você publica, você divulga e perde a possibilidade de patentear. Por isso, um cara que realmente trabalha com biotecnologia vai ter um número menor de publicação do que um que trabalha com pesquisa básica (de uma pesquisadora de universidade)";
>
> – "Existe, agora, uma injeção de recursos dentro desse sistema. Mas ainda estamos atrelados; e isso é muito claro nos documentos do CNPq, PADCT e em outros programas de Governo. O que você vê falar apenas é número de publicação.

> E tudo está assim. Uma bolsa do CNPq, qualquer coisa, é número de publicação. Nós devemos passar dessa fase de quantidade, de ter de produzir, produzir não interessa o que seja. Você pega o currículo da pessoa e vê quantos *papers*: esse aqui publicou 2 e esse 5, então a bolsa de pesquisa vai para o que publicou 5. No entanto, isso não quer dizer nada, porque o importante é qualidade (de um pesquisador de uma organização pública de pesquisa)";
>
> – "Exemplo? a Índia é o país que tá no *rank* número seis em publicações científicas internacionais. O que significa isso? É o sexto país em publicação científica internacional. Mas aquelas publicações científicas ficam perdidas".

Outro ponto que muitos consideram problemático é essa "mania de formulário", no dizer de um dos entrevistados. Percebeu-se grande resistência entre os interlocutores quanto ao preenchimento de relatórios e questionários, muitas vezes complexos e nos quais não vêem utilidade. Por outro lado, a abordagem de avaliação centrada em visitas é vista com muito mais abertura, exceto quando se tratam, segundo eles, de comissões de avaliação que não conhecem a realidade deles, e que "já chegam com instrumento prontos"; nesse sentido, preferem a possibilidade de "interagir de modo mais aberto e franco com o avaliador".

Com relação à avaliação realizada pela CAPES, há muitos questionamentos. Um destes diz respeito ao fato de que várias instituições não se sentem cobertas pela sistemática daquela Agência. Para muitos entrevistados, a biotecnologia é uma área que "está dispersa em vários comitês da CAPES, sujeita a critérios internos muitas vezes conflitantes e não devidamente sintonizados com a especificidade da área biotecnológica".

Além disso, constatam que há muitas instituições ligadas à biotecnologia, que não são avaliadas pela CAPES, embora tenham forte componente de formação de recursos humanos, notadamente de pós-graduação. Não são instituições que desenvolvem programas de pós-graduação, especificamente, o que justifica a não inclusão na avaliação da CAPES, embora, segundo os entrevistados, também atuem, interajam e colaborem com muitos desses programas.

Além disso, algumas instituições que fazem parte das avaliações da CAPES queixam-se do que chamam "ênfase quantitativista" daquela sistemática de avaliação, mesmo reconhecendo o esforço e o mérito da Agência, na qualificação da pós-graduação no País. Em um depoimento, um pesquisador comenta que "a CAPES não mede o impacto das publicações; está tudo nivelado". As citações apresentadas a seguir ilustram suficientemente este ponto da discussão:

> – "Em relação a essa mudança [comentando as mudanças recentes nas avaliações da CAPES], eu digo o seguinte: essa área de biológicas consegue enxergar, avaliar melhor o nosso trabalho, a importância do que a gente faz, o nosso potencial, etc. Se ela consegue avaliar tudo, a única coisa que eu temo nessas avaliações, eu tenho medo de ter um bom problema que não tenha penetração internacional, mas que seja interessante do ponto de vista científico e importante do ponto de vista nacional. Isso pode não ter grande impacto na hora de uma publicação; tem os modismos. Se você está fazendo o que os grandes grupos fazem lá fora, você compete com eles na hora de publicar, você consegue publicar, mas muitas vezes não";
> – "Mecanismos de aferir quantos alunos você deverá formar em iniciação científica, aperfeiçoamento, mestrado e doutorado é o grande alcance do projeto da fonte de financiamento que você tem. O produto não é necessariamente patente ou trabalho publicado; não necessariamente, ela é uma fonte de avaliação e deve continuar sendo forte, mas não necessariamente deve ser o único, exclusivo";
> – "Do mesmo modo, uma estrutura de avaliação que se prende apenas nos produtos gerados a partir do conhecimento adquirido, ou por parceria com Universidade, ou por investimentos em P&D, pode não avaliar os impactos que estes desenvolvimentos têm no bem-estar, sem que formem necessariamente mercados consumidores".

Ainda em relação à avaliação da CAPES, alguns pesquisadores reivindicam a necessidade de se pensar em critérios diferenciados para a fase da construção de programas. "Há todo um trabalho que não aparece, nos relatórios finais", reclama um líder de laboratório.

Finalmente, o tema da gestão das redes biotecnológicas não pode deixar de considerar todo um conjunto de instrumentos normativos que se fazem necessários para o desenvolvimento dessa prática no País, olhando-o sob o ângulo de sua especificidade e urgências. Sobre este ponto, os depoimentos manifestaram a preocupação em se melhorar consideravelmente a normatização, seja no nível do Governo Federal, seja no âmbito de cada instituição em particular, nos temas referentes à biossegurança, ao patenteamento, ao acesso aos bancos de germoplasma, à divulgação científica, e à proteção à biodiversidade. Questões complexas que estão a depender de muita discussão e decisão.

Os dois próximos itens compreendem a visão dos principais desafios e das sugestões identificados ao longo do estudo. Representam uma espécie de síntese de tudo o quanto foi observado, podendo servir como fio condutor de possíveis debates em torno da problemática em foco.

Principais desafios da biotecnologia brasileira

Em termos gerais, os principais desafios relacionados à prática biotecnológica no Brasil, no entender da maioria dos entrevistados, gira em torno de quatro pontos, basicamente: 1) capital, 2) desburocratização, 3) facilidade de acesso, e 4) melhor legislação. Entretanto, pode-se ainda relacionar questões atinentes à esfera política e à alocação de recursos, a oportunidades para grupos emergentes, a problemas de cunho ideológico e a muitas outras variantes dessas questões.

Em primeiro lugar, um dos focos mais apontados diz respeito à problemática do FINANCIAMENTO, como um dos maiores desafios a enfrentar no momento. Trata-se de questão muito complexa e que se desdobra em diversas frentes. Assim, falar em financiamento não significa, apenas, discutir sobre a necessidade de o Governo ampliar o desembolso e o montante de recursos para a Biotecnologia, no País; o que por si só já é algo de difícil solução, haja vista as dificuldades orçamentárias do Estado brasileiro, sua crise fiscal duradoura, *deficits* na balança comercial, elevada dívida pública e carências sociais de grande expressão.

Não se quer deixar de reconhecer que a biotecnologia é área estratégica, e assim tem sido tratada pelo Governo, garantindo, no PPA, a continuidade orçamentária para a mesma; fato que deve ser considerado como fator positivo, no momento atual. Além disso, recentemente, o MCT propôs fundo setorial específico para a Biotecnologia, sinalizando para a possibilidade de incrementar, consideravelmente, o volume de recursos a serem destinados a esse setor.

Entretanto, as demandas são muitas e o custo crescente da pesquisa biotecnológica implica colocar o problema do financiamento em outro patamar que o do enfoque habitual, mediante linhas de fomento tradicionais, apoios a grupos de pesquisa, bolsas para treinamento e formação de recursos humanos, e assim por diante.

A elevação dos custos na pesquisa biotecnológica não está ligada apenas ao avanço do conhecimento, que passa a exigir técnicas cada vez mais sofisticadas e equipamentos mais caros, mas tem a ver, também, com todo um conjunto de novas demandas da sociedade, pela melhoria dos produtos, o que passa a exigir maior controle de qualidade e, mesmo, fortes investimentos em *marketing*. É o que está bem evidenciado no depoimento, a seguir, de uma representante de uma empresa nacional.

> Então, quando antigamente se falava assim "o desenvolvimento de um novo produto vai custar 100 milhões de dólares", estava se falando do ponto de vista exclusivamente científico. Depois, começou a custar 200 milhões de dólares, passou a englobar o ponto de vista tecnológico. E passou a custar 400 a 500 milhões de dólares a partir do momento que se passou a incorporar no custo do desenvolvimento todas essas etapas posteriores; eu estou falando da indústria farmacêutica, de testes clínicos, do tipo pós-*marketing*, comercialização pioneira, lançamento de produtos. A indústria farmacêutica tem sido extremamente criticada por esse custo excessivo que se chama lançamento de produtos; eles têm sido bastante elevados porque fazer *marketing* é muito caro. O marketing da indústria farmacêutica é um *marketing* muito diferente do *marketing* de massa.

Os custos elevados e a necessidade crescente de maiores recursos para a pesquisa biotecnológica não se limitam ao âmbito dos grandes grupos econômicos e da pesquisa de ponta, mas atingem, igualmente, todo um conjunto de atores e instituições, uma vez que esses processos apontados na citação geram "efeitos de encadeamento", abrangendo as indústrias à montante da produção biotecnológica, tendendo a elevar os insumos e a matéria-prima utilizada nos laboratórios. Além disso, as regras de biossegurança também acabam por influenciar os custos das empresas, na medida em que estas precisam de desenvolver vários procedimentos de controle do material utilizado na pesquisa, quanto a seu uso adequado, descarte correto de resíduos e assim por diante.

Assim, das empresas incubadas aos grandes grupos econômicos, passando por toda uma rede de laboratórios em Universidades e em institutos de pesquisa, a demanda por recursos e por financiamento da pesquisa é uma tônica. E diz-se FINANCIAMENTO, em razão de que pouquíssimos grupos dispõem de recursos próprios e no valor requerido pela atividade biotecnológica, que, além de se constituir em área de elevados custos, conforme se destacou há pouco, os seus resultados, o retorno econômico, é de mais longo prazo, e ainda duvidoso. Dessa forma, a necessidade de maiores aportes de capital de risco para a prática biotecnológica no País é algo muito recorrente nos depoimentos.

No Brasil, o processo de abertura para o capital externo coincidiu com a redução no número das grandes empresas na área, que vêm sendo compradas por multinacionais, conforme comentários apresentados no capítulo anterior deste trabalho. As empresas que permanecem não têm, em geral, a cultura ou o capital suficiente para investirem em pesquisa inovadora.

Essa situação é preocupante se pensarmos que, grosso modo, não há interesse das multinacionais em investir em pesquisas de ponta no País, a não ser em atividades de melhoramento e adaptação de tecnologias externas. Esse quadro apresentou leve mudança a partir da repercussão internacional dos projetos sobre genomas no País. Contudo, ainda estamos muito longe de afirmar que esteja havendo migração de capital de risco para o Brasil.

Diante disso, faz-se imprescindível estratégia para ampliar e diversificar o fluxo de capital para o setor biotecnológico, sobretudo para as pequenas empresas de alta tecnologia, que empreendem boa parte das inovações no setor.

Alguns programas governamentais, como o RHAE, que coloca um profissional dentro da empresa, contribuem substancialmente para a sobrevivência dessas instituições. No entanto, são recursos temporários e não incidem diretamente sobre a produção de risco.

Enfim, o capital de risco foi apontado como o principal desafio a ser vencido, requerendo esforço concentrado do Governo, tanto por parte da área econômica, mediante programas e legislações específicas que venham a favorecer e estimular a entrada desses recursos na área de biotecnologia, quanto por parte das agências de fomento e do Ministério da Ciência e Tecnologia, que devem estar, segundo muitos entrevistados, devidamente articulados com os setores responsáveis pela indústria, pela agropecuária e pela saúde, no País. É preciso, dizem os entrevistados, "que se criem mecanismos mais ágeis e efetivos para que se consiga aumentar o volume de capital de risco voltado para a Biotecnologia, sem o que não iremos muito longe". Embora reconheçam o papel que a FINEP vem desenvolvendo nessa direção, visando a ampliar as condições de acesso para o "*venture capital*", por parte das empresas biotecnológicas, ainda é muito pouco, considerando-se as reais necessidades do setor, de um lado.

Por outro lado, mesmo quando há disponibilidade de recursos, por parte de agências governamentais, há muitas dificuldades em se ter acesso a tais recursos. Primeiro, apontam a "excessiva concentração" de poder na área acadêmica, que, mediante seus comitês de especialistas, acabam por avaliar e aprovar "unicamente" projetos segundo a sua própria ótica (exclusivamente científica) e seus interesses – "os projetos aprovados são sempre para os mesmos", comentam muitos entrevistados de pequenas e microempresas incubadas. Em segundo lugar, são muitas as reclamações quanto ao que consideram exageradas exigências de garantias para a obtenção de financiamento, as quais "praticamente inviabilizam que pequenas e microempresas tenham acesso a esses recursos".

A "excessiva" CONCENTRAÇÃO DE PODER, no que concerne à distribuição de recursos, pelas agências Federais de fomento, é vista por vários entrevistados como um dos grandes desafios a serem vencidos, no contexto atual da prática biotecnológica. Críticas contundentes e incisivas foram dirigidas contra essa situação, que os entrevistados vêem como de grande repercussão política, mas insustentável diante da necessidade de maior dinamismo na área biotecnológica. Aponta, tal dinamismo, também para a necessidade de rompimento com "certas estruturas corporativas", a fim de se abrirem novas oportunidades para grupos emergentes e novas empresas, favorecendo o fluxo de inovações.

Nas duras palavras de um representante de uma organização de pesquisa, pode-se perceber o estado de ânimo que perpassa vários ambientes e instituições que lidam, atualmente, com atividades biotecnológicas.

> O CNPq, PADCT, toda essa coisa, são grandes panelas. Os grupos que ganham dinheiro são sempre os mesmos, manipulados, principalmente, pelos grandes grupos de São Paulo. Não estou dizendo que são incompetentes, pelo contrário, têm muitas pessoas competentes. São na verdade essas pessoas que estão nos CAs, que são quase vitalícias, é que criam um círculo vicioso.

Para outro entrevistado, "a alternativa nacional é que o capital de risco fosse controlado por um órgão do governo, sério, por uma comissão isenta, que fosse julgar todos os projetos e que realmente este capital chegasse às mãos das empresas, e que analisassem o mérito do projeto, e que não ficasse na mão de um grupo que dominasse estes recursos".

No que tange ao outro problema apontado, concernente às GARANTIAS para a concessão de financiamento, várias empresas incubadas comentaram que não poderiam apresentar nem o próprio prédio construído na área dos parques tecnológicos, em razão de estarem situados em espaço de domínio público, dentro de Universidades. "O que fazer, nesses casos?", perguntam alguns dos entrevistados, pois não dispõem de nada mais para ser dado em garantia junto às agências de financiamento e aos Bancos, além do *know how* adquirido, ao longo dos anos, como professor universitário. Segundo um proprietário de uma empresa incubada:

> Tem de se resolver este problema de garantia; de garantia para os investimentos. Sei lá...eu tenho recurso aqui do Banco do Brasil; perfeitamente, então, então eu pude financiar algo em torno de 1 milhão para eu fazer este determinado produto. Aí, ele [o responsável pela concessão do financiamento] quer dois de garantia. Aí eu não consigo fazer. Eu tenho aqui a minha casa...vai, não vai, então esquece o produto, tá? Você é um cara de Universidade, imagina você, você tem um produto, aí o cara chega, e fala: "amanhã eu quero 3 milhões de garantia"; nem juntando a família toda, não é? E aí esta é a realidade, né? Porque se você já viesse de família rica, você já não precisaria do recurso, você já tinha articulação...

Na mesma linha da argumentação anterior, o próximo depoimento manifesta claro inconformismo entre o que entende como possibilidades concretas para que o Governo avance na implementação de políticas mais dirigidas aos interesses dos pequenos e microempresários e a situação atual, cheia de obstáculos e impedimentos – "como dar a escada para quem não tem pernas para subir".

> Foi o governo Collor que acabou com isso. Aí, o órgão diz: "então, eu não posso te dar um financiamento; por lei eu tenho que ter garantias reais e a garantia real é 1.3 (um ponto três) vezes o valor do empréstimo". Se eu pedir quinhentos mil Reais, vou ter que dar garantias reais de seiscentos e cinqüenta mil Reais. E garantias reais têm de ser por firma, cadastrada no governo, e eles só para fazer avaliação naquilo sai mais ou menos cinco mil Reais. Então, o Brasil tem um sistema enorme, enorme para se conseguir dar um empréstimo às empresas nascentes das Universidades, nascentes do meio acadêmico. E essas barreiras são muito nítidas e também é nítido, se você conseguir isso tudo, dar a garantia real, arranjar um empresário para te dar um aval.

Outro desafio identificado nas entrevistas diz respeito à grande burocracia que laboratórios e empresas têm de enfrentar "para conduzir minimamente o trabalho diário". São muitas regras, impedimentos, dificuldades de liberação de toda a ordem, os quais acabam por limitar o ritmo do processo de pesquisa. Para muitos, o tratamento que o País dá à pesquisa não pode ser o mesmo que o aplicado em qualquer outra atividade.

Por exemplo, as regras de licitação para a compra de insumos para a pesquisa, a liberação na alfândega dos produtos importados, o tempo para análise de novos projetos e a continuidade na remessa dos valores aprovados para a pesquisa são os principais pontos mencionados, que merecem atenção especial, no sentido de sua desburocratização.

Ligado a esse problema, outro grande desafio para a prática biotecnológica no Brasil refere-se às dificuldades na importação de insumos e equipamentos. Trata-se de ponto crítico, uma vez que, nessa área, há a necessidade de aquisição permanente e em tempo desses insumos, para não comprometer os experimentos e não tornar obsoleta a inovação, antes mesmo de ser lançada no Mercado. Afinal, a Biotecnologia requer muita agilidade e velocidade – como área de ponta do conhecimento – sob o risco de ficar sempre defasada em relação a outros países.

Mudando um pouco o eixo das questões, outro grande problema a ser enfrentado, já comentado no presente estudo, refere-se a necessidades de mudanças de cunho organizacional e estrutural. Ao longo do trabalho, ficou bastante evidente a obsolescência da maioria de nossas organizações de pesquisa e de Universidades, quanto às suas estruturas internas e seus processos decisórios.

Muito esforço precisa de ser investido nesse sentido, que não depende apenas do Governo, mas, principalmente, dos grupos que integram tais organizações. O desafio é grande, pois, como já se disse, são valores muito arraigados, estruturas muito pesadas e fortes interesses políticos que estão em jogo, difíceis de serem modificados.

Não obstante, é algo que se entende urgente e incontornável, caso essas instituições desejem efetivamente se integrar ao centro dinâmico de desenvolvimento dessa e de outras áreas de ponta do conhecimento e da atividade econômica, beneficiando-se de inúmeras oportunidades que têm surgido no cenário nacional e internacional.

Ligado a essa problemática, há muitos reclamos de jovens pesquisadores e de grupos emergentes, que se ressentem da dificuldade de encontrar espaço para desenvolvimento de novas idéias, diante da estrutura "cartorial" e excessivamente hierarquizada, no plano interno de suas instituições, e no sistema como um todo, ao valorizarem principalmente o tempo como pesquisador, a titulação e a visibilidade, "em detrimento do mérito dos projetos e das idéias inovadoras", segundo alguns depoimentos.

Assim, muitos desses indivíduos apontam que são limitadas as oportunidades de poderem apresentar propostas viáveis e passíveis de aprovação, uma vez que "os grupos hegemônicos – pesquisadores seniores e com grande visibilidade – controlam quase que totalmente todas as decisões sobre o que se faz em Biotecnologia no País". Os depoimentos seguintes são bem ilustrativos dessa problemática, evidenciando, também, que, com determinação e alguma negociação, existe alguma abertura para novas oportunidades, embora, no todo, seja muito difícil para estes grupos romperem essas barreiras:

> – "O fato de nós sermos recém-doutores, a gente quase sempre não consegue competir, principalmente por estarmos nesta região (norte), com os grandes e mesmo com os pequenos laboratórios da região sul, porque 70 a 80% dos recursos vão todos para a região sul. Isso fez com que cada pesquisador tentasse se acoplar a grandes projetos de financiamento vindo de fora, dinheiro da Comunidade Européia, de grandes projetos externos";

> – "Eu acho que as pessoas que estão com grupos começando, como é o caso da gente, que estão associadas a grupos mais antigos e maiores, a gente tem um suporte porque junta todo mundo, junta o grupo todo. Agora, as pessoas que estão começando de uma forma mais isolada os seus grupos, aí é muito difícil. Eu acho que mesmo os grupos já estabelecidos estão passando por situações cada vez mais difíceis. Acho que o dinheiro é muito concentrado em poucas mãos";

> – "Numa reunião com esses professores, a gente viu que de fato nós não somos nenhum grupo consolidado, e para se montar um grupo de pós-graduação, a premissa inicial é que

seja um grupo consolidado naquela área. Aí, eu disse à CAPES que nós não éramos realmente um grupo consolidado porque nós somos todos muito novos aqui. Novos em tudo, até mesmo em histórico científico. Os professores terminaram o doutorado há 3 ou 4 anos e é agora que estão começando. Eles, analisando o material que a gente apresentou, acharam que era perfeitamente viável que essa proposta fosse encaminhada";

> – "A minha dúvida é que os pesquisadores, ainda como eu, que não têm uma produção tecnológica, e que a produção científica, perto de pesquisadores de renome, ainda é baixa – eu estou chegando aos 40 anos de idade, e eu tenho este tanto de teses (como orientador), trinta e tantas teses, (algumas delas) têm várias condições de publicações –, mas quando meu *curriculum* entra no ministério, para fazer uma idéia inovadora, eles falam assim: " bom, você não tem, na sua produção, isso aqui". Mas eles não vieram nem visitar aqui para saber se a gente tem capacidade para fazer; simplesmente estava baseado em um *curriculum* que ainda está em franca expansão... É, nós não podemos ter uma idéia brilhante às vezes, porque acham que é inviável. Por que não vieram visitar *in locu*?";

> – "Se considerar que a pesquisa tem um fundamento científico e que tem objetivos viáveis, eles têm de mandar uma pessoa verificar se nós temos condições de fazer. Então, eu tenho certeza de que o pessoal vai ficar impressionado; muitas pesquisas minhas que não foram compradas pelo governo acabaram sendo compradas por outros. Eu tive de mudar a estratégia e acabaram sendo compradas, e por menor preço. E a gente não consegue desenvolver a contento esta vacina de carrapato, por exemplo. O Governo fala que nós não temos o *curriculum*, mas ninguém tem, porque ninguém trabalha com carrapato no País".

O problema apontado anteriormente torna-se especialmente relevante se passamos a considerar outro desafio atual para a prática biotecnológica no País, relacionado à evasão de recursos humanos para o Exterior. Hoje, a necessidade de fixação dos novos quadros, oriundos da pós-graduação, representa ponto extremamente relevante na discussão sobre o nosso futuro nessa área. Vários pesquisadores em seus depoimentos mostraram-se muito preocupados com essa realidade, que começa a se fazer notar, sobretudo no meio acadêmico.

Por falta de condições adequadas para trabalhar, o que inclui bons salários e infra-estrutura para a pesquisa, bem como pelas dificuldades mencionadas quanto às limitações de espaço para desenvolverem propostas inovadoras, vários jovens cientistas sentem-se bastante atraídos pelas ofertas de grupos e laboratórios de outros países, a despeito de problemas relacionados a viver fora do próprio País. "Não há idealismo que possa segurar isso; trata-se de sobrevivência", mencionam alguns interlocutores.

Há, portanto, a necessidade premente de se criarem mecanismos importantes visando à fixação dos pesquisadores no País, conforme enfatizam os seguintes depoimentos:

> – "De uma forma geral, as áreas *near market* sofrem de um escape de cérebros muito grande, pois não há uma cultura internalizada nas empresas para segurar os pós-graduados recém-formados. Por esta razão, um programa como o RHAE é fundamental, no qual pode-se apoiar esse tipo de profissional em sua interação com as empresas";
>
> – "Os últimos, sei lá, 15 (ex-alunos) estão todos em empresas e, infelizmente, isso tem de ser levado para o Ministério. Eu tenho 3 dos meus melhores doutores que estão trabalhando no Exterior, nos Estados Unidos e na Inglaterra. Foram chupados (*sic*) do Brasil e levados para lá, porque não têm oferta de oportunidades e desafios aqui dentro, para isso. Este é um problema seriíssimo que está acontecendo não só no meu laboratório; eu acho que todos aqui têm; formam gente de alto nível e os laboratórios no Exterior estão à caça de talentos. E nós estamos formando a duras penas e entregando de bandeja os nossos formados, gastando um dinheirão. Não é uma pessoa que sai daqui com 30 anos, com doutorado, pós-doutorado financiado no Exterior e vai trabalhar em uma empresa farmacêutica nos Estados Unidos...".

O tema da evasão de cérebros do País está acoplado a outro de grande importância, que diz respeito ao "seqüestro" de informações e de matérias vivas de nosso País.

Este assunto veio à tona inúmeras vezes, em todas as regiões, evidenciando grande preocupação, sobretudo no meio acadêmico, com a perda de muitos resultados de pesquisa para centros localizados fora do País, em programas de intercâmbio científico, treinamentos no Exterior e em expedições de técnicos de outros países ao Brasil. Uma das formas muito freqüentes, atualmente, de "seqüestro" de informações, ocorre em congressos científicos, os quais também se constituem, em muitas situações, em espaços privilegiados para o *marketing* das grandes indústrias; a idéia do "congresso-vitrine".

É o que está bem evidenciado no depoimento, a seguir:

> Eles têm uns espiões nos congressos internacionais, em que você tá apresentando coisas. E quando eles vêem um potencial de Mercado naquelas coisas, eles te contatam, vêm conversar com você, levam para congressos internacionais, pagam tudo, fazem um verdadeiro *lobby*. Também pagam alguma coisa, enfim. E você passa a eles algumas informações, nada a mais daquilo que você já tinha feito no trabalho publicado; você acaba publicando no congresso, publicando no periódico X.... E eles, então, desenvolvem essa substância com o capital de risco deles e vendem isso para a indústria farmacêutica.

Segundo alguns depoimentos, o nosso País está muito atrasado em termos de legislação e de cuidados com a proteção intelectual, consistindo importante desafio da Biotecnologia nacional.

Associado a esse problema está também a necessidade de atenção especial para com a nossa biodiversidade, considerada uma das maiores do Planeta. São muitos os exemplos encontrados de que o controle sobre essa área é extremamente precário, levando, ressalte-se, a que tenhamos de pagar *royalties* sobre produtos oriundos de nossas próprias riquezas naturais, produzidos em laboratórios e empresas de outros países.

Há outras situações que, embora não se enquadrem claramente nos exemplos apresentados anteriormente – quanto a perdas de oportunidades para a Biotecnologia nacional, diante da evasão de talentos, informações e resultados de pesquisa e de materiais exclusivos de nossa biodiversidade –, também devem ser considerados sob o ponto de vista dos interesses nacionais. Trata-se do que um depoimento apontou como "internacionalização de nossa indústria biotecnológica", aludindo à inexistência de mecanismos legais que protejam a capacidade instalada no País das "estratégias de competição desigual" por parte de grandes grupos multinacionais; estratégias estas que levam a comercializar, no Brasil, produtos altamente subsidiados em seus países de origem, inviabilizando a indústria nacional, nesses setores.

Segundo uma representante de uma indústria nacional,

> Na questão de proteção ao direito à concorrência, não é nem proteção da indústria nacional, é a proteção do direito à concorrência. No caso específico nosso, nós tivemos um processo de *dumping*, ou seja, não houve uma investigação profunda, porque o setor de [produto X] é um setor muito concentrado no mundo inteiro. E as empresas que dominam? Há duas empresas que dominam esse Mercado mundialmente: uma tem 45 ou 50% do Mercado, a outra tem 40 ou 45% do Mercado. É uma coisa assim, mundial. Elas dividem aproximadamente os Mercados europeu e americano. Essas duas empresas, então, exportam para o Brasil, e, nessa exportação para o Brasil, você vê nitidamente uma queda de preços assustadora e com a nítida característica de *dumping*, que é você exportar um produto abaixo do valor, do preço normal. Valor normal é o praticado pela empresa no Mercado de origem. Então, houve uma extensa investigação através do Ministério do Desenvolvimento e chegou-se à determinação da imposição de medidas anti-*dumping*. Finalmente, esse processo entrou no Ministério do Desenvolvimento, em 1999, aliás em janeiro de 99, quando houve a desvalorização do Real. Ficou interrompido por causa dessa desvalorização e passou a ser investigado a partir de junho de 1999; e finalmente foram decretadas, estabelecidas, as medidas conpensatórias, porque é ação de imposto adicional, ou seja, importação, em fevereiro de 2001. É nítido que as empresas nacionais não agüentam tanto tempo. Na lei do *dumping*, você fala o seguinte: a empresa tem de ter sofrido um dano ou estar ameaçada de dano. Sofrer um dano, você tem de provar que você tá quebrado, porque se você não estiver quebrado... É aquela história, sabe? Houve muita discussão nesse sentido, porque há uma tendência de se colocar a tranca depois

> que o ladrão entrou, aí não tem mais jeito. Não bastasse isso, uma vez colocada a questão da imposição dos direitos, e determinado, e circulado, etc., a empresa estrangeira, uma delas, entrou com um mandado de segurança querendo a suspensão dessa medida, etc. Aí isso vem se arrastando na justiça desde fevereiro desse ano. Eles entraram com mandado de segurança, com pedido de liminar, foi concedido. Para você ter uma idéia de como a coisa é complexa, a Empresa Y (nacional) pediu uma suspensão da liminar e conseguiu, eles entraram com outro recurso, e ganharam a suspensão.

A extensão da citação justifica-se na medida em que expressa toda uma série de injunções que precisam de ser consideradas na definição da estratégia brasileira para lidar com temas tão complexos, como os aqui mencionados, envolvendo múltiplos interesses e reações.

Como este, o tema da importância estratégica da Amazônia, considerada a potencialidade para a Biotecnologia nacional, também requer cuidado e atenção especial, para não se perderem boas oportunidades de desenvolvimento nem se reproduzirem o que alguns pesquisadores qualificam como o risco do "neocolonialismo" na Região.

Para um pesquisador da Amazônia,

> Nós não temos de fazer nada disso; nós temos é de desenvolver condições para implementar um pólo de bioindústria em Manaus, a partir da biodiversidade local. A Amazônia é uma coisa complexa, você não pode pensar, a gente estando aqui, não pode simplesmente pensar em construir um centro para ser as bases para as multinacionais chegarem aqui e esquecer que tem, no momento, de 15 a 20 milhões de pessoas vivendo na Amazônia brasileira.

Por outro lado, a idéia de um novo tipo de colonialismo na Amazônia não se limita, no entender de pesquisadores, apenas a eventuais ações e interferências de empresas e laboratórios multinacionais, mas, igualmente, está presente no que entendem, em várias situações, a dominação de grandes grupos nacionais, notadamente do eixo sul-sudeste, que, "sob a aparência de colaboração ou de intercâmbio, podem estar querendo, na verdade, ocupar espaços de grande interesse no futuro da Região".

Esse problema relaciona-se a outro grande desafio, o das DESIGUALDADES regionais, que é um dos mais importantes problemas estruturais a resolver. No caso da Amazônia, uma apontada falta de apoio mais efetivo, por parte dos organismos federais, torna mais vulnerável aquela Região para a penetração cada vez mais intensa de grupos e interesses internacionais, sem que se tenha claro em que medida e de que forma isso pode se dar, sem muitos prejuízos para nossa sociedade. É o que se depreende do seguinte depoimento, obtido junto a um pesquisador local:

> A Amazônia é alvo dos "grandes olhos" do mundo. E ela tem recebido aporte financeiro grande dos países da Comunidade Européia e dos Estados Unidos. Mas no que diz respeito ao CNPq, isso ocorreu agora recentemente. Tem o edital da Amazônia, mas é um edital no valor de R$ 6 milhões, para a Amazônia como um todo; e quando os grupos da região norte tentam concorrer no edital, a gente tem de 1,5 a 2% dos projetos em âmbito nacional que vêm para a região norte.

Em suma, desigualdades regionais, soberania nacional, busca de novas oportunidades, utilização adequada de nossa biodiversidade são temas que requerem exame cuidadoso por parte dos formuladores de política para a Biotecnologia nacional. Temas estes que devem ser enfrentados de maneira aberta, em discussões que envolvam diferentes atores e interesses, evitando-se, não obstante, visões muito "paroquiais" e autocentradas – o que poderia ser muito prejudicial para o País como um todo.

Finalmente, um último desafio que se pretende apontar, com base no material obtido das visitas e entrevistas, mas não menos difícil, consiste na complexa questão IDEOLÓGICA que perpassa toda a prática biotecnológica.

Por questão ideológica quer-se destacar todo tipo de reação por parte de grupos da sociedade e da opinião pública como um todo, em relação aos produtos, processos e às atividades de pesquisa biotecnológica, calcadas em fortes convicções, crenças, valores e em posições políticas determinadas.

Desnecessário dizer que, se, de um lado, a biotecnologia é revestida de uma aura que quase a santifica, como uma das grandes conquistas da humanidade – na medicina, na agricultura, na área ambiental e assim por diante, com se procurou ressaltar no capítulo anterior –, permitindo ampliar os horizontes de esperança e de melhoria da qualidade de vida, de outro lado, ela se apresenta, também, como algo extremamente assustador, ao tocar em questões culturais e em valores muito arraigados na sociedade, como as que dizem respeito ao controle da vida, à clonagem humana e à criação de novos organismos em laboratório.

Assim, juntamente com o "risco econômico", decorrente de investimentos em pesquisas que podem não trazer retorno, deve ser associado, igualmente, um "risco social", relacionado aos eventuais impactos provenientes da reação da sociedade diante dos produtos lançados comercialmente.

Além disso, algo mais está em jogo nesse terreno ideológico (e político) que, apenas, receio difuso sobre riscos eventuais no futuro, ou oposições diante de ameaças a valores considerados como fundamentais para determinados grupos. Está em jogo, também, a questão relacionada ao ACESSO aos produtos biotecnológicos, como fica bastante claro na discussão envolvendo os genéricos e os fármacos.

Na vitrine dessas discussões, está o debate em torno dos transgênicos. Questão que divide muitos, sujeita a grandes controvérsias e de difícil solução no curto prazo.

A esse respeito, a arbitrariedade em que se postulam pretensos argumentos e a falta de fundamentação de muitas críticas e preocupações é algo bastante evidente, a partir dos comentários feitos pelos especialistas.

Em primeiro lugar, verifica-se que a polêmica em torno dos "organismos geneticamente modificados" (OGMs) repercute de modo bem diferenciado os vários campos de atuação da biotecnologia. Por exemplo, o envolvimento da sociedade – até mesmo sua reação contrária –, relativamente aos transgênicos, atinge muito mais a agropecuária que a área dos fármacos, embora esta última também venha desenvolvendo inúmeros organismos modificados geneticamente, em vários produtos e processos – como em *kits* de diagnósticos, vacinas e em hormônios –, de acordo com especialistas. Quer dizer: por que a polêmica é maior no campo dos produtos ligados à agricultura e pecuária que em outras áreas biotecnológicas?

Esta pergunta foi feita a vários pesquisadores, e, dependendo de sua área de atuação, a resposta é favorável a um campo ou a outro. Uns alegam que se devem, essas diferenças de reação, ao fato de que, na agropecuária, por exemplo, "não se realizaram ainda todos os testes, exaustivamente, comprovando a eficácia do produto e sua segurança em relação ao meio ambiente, ao contrário do que vem sendo feito na área médica e dos fármacos". Porém, esse argumento fora contestado em vários outros depoimentos, os quais garantiram que nada há em contrário, do ponto de vista científico, que autorize tamanha reação; insistem que todos os testes foram realizados e que "o que está em jogo, na verdade, são disputas ideológicas, argumentos precários e questões de fundo político e econômico".

Deixando de lado essas conjecturas, o que se pretende chamar a atenção é para aspecto ainda muito obscuro no tema relacionado aos transgênicos, que requer maior esclarecimento junto à população e ao público consumidor. Esclarecimento este do qual devem fazer parte o Governo, a grande mídia, as indústrias e, especialmente, os cientistas, procurando mostrar, de modo claro e objetivo, os vários lados envolvidos na questão, para que sejam tomadas decisões conseqüentes e responsáveis sobre o assunto, mesmo quando o que está envolvido é algo "mais familiar" e próximo ao cidadão, como os alimentos e os remédios.

Em resumo, o desafio, aqui, é ampliar consideravelmente a discussão sobre o tema dos transgênicos, na sociedade, com todos os setores envolvidos, a fim de se poder obter reais benefícios de muitos resultados biotecnológicos, seja no campo dos medicamentos, seja no dos alimentos ou em qualquer outra área de interesse socioeconômico.

O reencantamento do mundo
Sugestões para o enfrentamento de alguns dos desafios da biotecnologia brasileira

Ao final deste capítulo, entra novamente em cena visão mais otimista e esperançosa quanto ao futuro das novas biotecnologias no País. Se, de um lado, constataram-se inúmeros desafios e obstáculos ao avanço dessa área do desenvolvimento histórico-social, de outro lado, verificou-se, também, a grande capacidade humana de reação e de propor encaminhamentos criativos para os vários obstáculos. Dessa forma, a idéia de um "reencantamento do mundo", aqui, fortalece o aspecto mais promissor e positivo das novas biotecnologias.

Assim, como foi visto, durante todo este capítulo, procurou-se desenvolver diagnóstico a respeito da prática biotecnológica no Brasil, levantamento de seus principais problemas e eventuais formas de encaminhamento de soluções. Contudo, nesta parte final, tenciona-se destacar, de modo bastante sucinto, algumas idéias que, embora já tenham sido comentadas anteriormente, representaram pontos que os entrevistados enfatizaram e que, expressamente, gostariam de ver contemplados no texto final do estudo. Este é o sentido da presente seção: resguardar, o mais fielmente possível, as preocupações e as principais expectativas dos atores mais diretamente envolvidos com a Biotecnologia nacional.

Inicialmente, o trabalho destaca a visão bastante otimista que acompanhou quase todas as entrevistas, a respeito do futuro da Biotecnologia em nosso País. Segundo concepções e expectativas muito diferentes, e, a despeito de muitas críticas e preocupações que foram formuladas, prevalece clara sinalização favorável ao desenvolvimento dessa área do desenvolvimento e do conhecimento de ponta. São pesquisadores, estudantes, técnicos, empresários e dirigentes de institutos de pesquisa que se dedicam com muito entusiasmo ao que fazem.

"É só nos darem as condições – recursos, financiamento e sistemas desburocratizados – que podemos fazer muita coisa", é um comentário muito repetido. "Se na situação atual, com muita precariedade, já conseguimos resultados importantes, que dirá se houver bom planejamento e infra-estrutura adequada para a pesquisa e o empreendimento" é outra fala muito freqüente, entre diferentes atores e em várias instituições.

Nesse conjunto de considerações, fica muito evidente a importância do papel que as pequenas e as microempresas têm, não apenas no quesito geração de renda, mas, e sobretudo, como se comentou anteriormente, na relevante contribuição SOCIAL que oferecem ao País. Assim, boa parte das sugestões destina-se a medidas necessárias que o Governo deve tomar visando a ampliar o campo de atuação desse segmento, bem como voltadas à garantia de acesso a financiamento fácil e desburocratizado para tais empresas, entre as quais destacam-se as chamadas "incubadas".

Por outro lado, o tema ambiental tem sido amplamente focalizado por muitas dessas empresas, passando a merecer, por parte dos órgãos voltados ao assunto, maior atenção quanto às possibilidades de melhor utilização e aproximação com a área da Biotecnologia. Há ainda espaço grande de mediação aberto para ações e programas conjuntos nesse tema, envolvendo setor público e privado.

Do ponto de vista mais prático, muitos mecanismos de atuação podem ser implementados, visando a dar melhores condições ao desenvolvimento da Biotecnologia nacional, atingindo não só pequenas e microempresas e a área ambiental, mas todo o conjunto de organizações, notadamente no setor produtivo.

Um destes mecanismos, muito sugerido pelos entrevistados, diz respeito à criação de incentivos fiscais importantes, que venham a estimular os investimentos nesse campo do desenvolvimento. A redução na alíquota para o ISS, o abatimento no imposto de renda, a formulação de leis de incentivo à produção de patentes e de introdução de inovações nas empresas e a diminuição de impostos para importação de insumos utilizados na pesquisa são exemplos de medidas que podem ser colocadas em prática, com grande efeito de encadeamento em toda a prática biotecnológica.

Outra sugestão consiste na criação de "programas matriciais" de desenvolvimento biotecnológico, os quais devem apresentar alvos bem definidos – objetivos estratégicos relevantes – e recursos alocados, segundo critérios bem transparentes de utilização, acompanhamento e avaliação. Dentro dessa sugestão, propõe-se a definição de "centros de referência", os quais, levando-se em conta a competência instalada, vocação, plano estratégico e adequada inserção no Programa, desenvolveriam ações bem articuladas com outros centros e instituições atuantes na área da biotecnologia. Os papéis e as atribuições de cada centro estariam bem delimitados e cumpririam objetivos específicos dentro de um quadro de programação matricial.

Com essa idéia, pretende-se evitar a dispersão e a duplicação de esforços, bem como a competição desnecessária entre instituições. O Governo, por sua vez, criaria condições efetivas para o que se pode chamar ""efeito de sinergia" entre diferentes atores e instituições ligados à prática biotecnológica, evitando um dos grandes problemas apontados, relacionados à fragmentação e descoordenação no Programa Nacional de Biotecnologia.

Um dos temas importantes sugeridos como ação de programas matriciais é o do aproveitamento adequado de nossa biodiversidade, mediante a realização de diagnósticos e análises voltados ao desenvolvimento de produtos fitoterápicos. A atuação em torno deste tema mereceu destaque entre os entrevistados, preocupados com a perda de muitas informações e o seqüestro de matérias vivas, conforme abordado em seção anterior. Portanto, faz-se mister ação forte e dirigida para este objetivo, sob o risco de perdermos oportunidades valiosas de utilização da biodiversidade nacional e mesmo descurarmos de nossa própria soberania nesse terreno, dados os fortes interesses, no âmbito internacional.

Também se propõe, com base nos depoimentos, ampliar os esforços voltados à bioprospecção, no Brasil, identificando potencialidades econômicas de resultados de pesquisas desenvolvidas nos laboratórios. Este trabalho tanto pode ser objeto de muitas parcerias com o setor produtivo e o meio acadêmico quanto poderá propiciar novos acordos entre esses segmentos.

No âmbito das organizações universitárias, muitas foram as sugestões para melhorar a interação com a sociedade, especialmente no que concerne à captação de recursos. Como ponto de partida, propõe-se a implantação de "sistemas de identificação de demandas externas" e de apresentação dos principais resultados e dos estágios de desenvolvimento dos conhecimentos produzidos pela instituição

– incluindo as potencialidades de gerar resultados e aplicações práticas, bem como a identificação de seus principais beneficiários externos às Universidades. Com isto, espera-se melhorar significativamente a comunicação entre estas instituições e a sociedade como um todo, favorecendo a captação de recursos e a realização de novas parcerias.

Associado a isso, todo esse conjunto de informações disponibilizado pelas Universidades poderia servir de base para programas de esclarecimento junto ao grande público, conduzidos pela mídia televisiva e impressa. A esse respeito, poder-se-ia pensar, por exemplo, em uma "lei de audiovisual" para a ciência, tecnologia e inovação, favorecendo investimentos e iniciativas no gênero.

Outro ponto a merecer atenção refere-se à necessidade de criação de programas e disciplinas que incentivem o empreendedorismo e a participação dos estudantes de graduação e de pós-graduação, em distintas organizações, mediante intercâmbio profícuo de experiências. Contudo, quer-se insistir na importância quanto à formação de novos quadros para a prática biotecnológica no Brasil, devidamente sintonizados com as demandas e as características exigidas no contexto contemporâneo, o que requer não apenas medidas pontuais, porém, outras mais profundas, que dizem respeito à estrutura de cursos e currículos e ao perfil profissional.

Finalmente, foram sugeridas, pelos entrevistados, medidas importantes, a serem tomadas pelo Governo Federal, a fim de valorizar e garantir a carreira de técnicos e de profissionais para atuarem em laboratórios, no apoio a todo o trabalho de investigação. Percebe-se com preocupação a evasão crescente desse tipo de profissional, em decorrência de baixos salários e de falta de perspectivas positivas para promoção.

Enfim, todo esse conjunto de sugestões implica, como condição básica, que seja mais bem definida a política de biotecnologia para o País, evidenciando-se, de modo claro, as grandes prioridades, os recursos, as estratégias de implementação e as regras de funcionamento. Em suma, planejamento, coordenação, acompanhamento e, principalmente, avaliação consistem os pilares sobre os quais se devem apoiar todas as medidas propostas, sejam estas mais gerais ou pontuais, estratégicas ou operacionais, sem o que poder-se-ia cair em "pragmatismo canhestro" ou "abstração sem qualquer sentido em nossa realidade".

Isto requer que se aprofundem os estudos e os diagnósticos sobre a realidade em tela, aumentando o grau de consistência nas informações, o que ainda é muito limitado. Para tanto, a sugestão é que sejam criadas equipes de especialistas de diferentes formações e enfoques, evitando-se perspectivas unilaterais.

No próximo capítulo, pretende-se dar prosseguimento a essas discussões, detendo-se especificamente na problemática da avaliação, que, como se disse, representa, para este trabalho, um dos pilares – de grande complexidade – para abordagem estratégica adequada para a ciência, a tecnologia e a inovação.

Capítulo 4

A Guerra dos Novos Titãs
Elementos para a elaboração de um modelo de avaliação da prática biotecnológica

E o mundo experimentou a guerra e os dissabores de suas conquistas. As armas já haviam sido fabricadas, e a paz cedera lugar à disputa por novos impérios.

Os seres humanos cresceram, multiplicaram-se e dominaram a Terra e todos os seres que nela habitavam. E formou-se uma super-raça. Novos seres foram então gerados, poderosos, fortes, vigorosos, dotados de grande inteligência e habilidade para impor sua vontade.

Os demais humanos permaneceram e foram subjugados pelos novos Titãs. E cindiu-se a humanidade em duas grandes partes: os deserdados, vorazes e ameaçadores, como pequenos animais, dispondo-se por grandes aldeias, amontoados; e os Titãs, em sua incontida necessidade de ampliar suas conquistas, rendendo a maior parte de seu tempo à construção de novas armas, com maiores poderes de dominação.

Diante dessa situação, os deuses decidem mandar novo fogo à Terra, para redimir a humanidade e pacificá-la, sob a liderança de um redivivo Prometeu. Foi, então, revelado grande segredo, guardado por muito tempo nas cavernas do "deserto dos desesperados". Aqueles que consentissem em receber o fogo, alcançariam virtudes e forças especiais, capazes de enfrentar os Titãs e seduzi-los para a construção do novo mundo.

Mas, nem todos os novos Titãs aceitaram renunciar a suas armas. E iniciou-se outro período de guerras. De um lado, os deserdados e os Titãs convencidos pelas virtudes contidas no fogo enviado dos céus; de outro, os Titãs que mantinham firme suas convicções, reunidos em torno de grande e poderoso rei, para quem a luta era o sentido maior da existência na Terra. E assim continuou até os tempos presentes, guerra de grandes poderes, misérias e desespero... Mas, ainda, com esperanças.

Essa paródia, sobre a criação do mundo e sua evolução, quer sugerir uma história possível, em metáfora mítica, envolvendo, agora, novos Titãs e novos dilemas para a humanidade, sob o olhar inquieto e o incansável trabalho de um clone de Prometeu.

O mito denuncia, assim, os assombros e desassombros com o futuro das novas biotecnologias. Extensas redes de relações, impérios, grandes e poderosos laboratórios e concepções teóricas e metodológicas hegemônicas disputam intensamente, entre si, no cenário atual da prática biotecnológica – os novos Titãs. Um mundo espantado assiste a esse embate, de difícil acesso para a maioria da população – os humanos deserdados.

Contudo, a pressão para se ampliar a discussão em torno de princípios éticos relevantes – com o intuito de exercer controle sobre os destinos da prática biotecnológica –, reunindo importantes centros de pesquisa, organismos internacionais e movimentos sociais relevantes, agita o cenário, suscita a ação responsável e conseqüente em torno do assunto, principalmente quanto às conseqüências negativas de determinados resultados dessa prática, e passa a interferir decisivamente no curso desses acontecimentos – o novo fogo sagrado e os Titãs convertidos.

Mas, os embates são ainda intensos e o cenário futuro é ainda muito incerto. Para onde penderá o destino? Somente a balança de Zeus poderá responder. Porém, o oráculo não se revelou inteiramente e o mundo deverá enfrentar ainda o desafio de decifrá-lo em seu conjunto.

Nesse anseio, a busca em avançar na construção de abordagens conseqüentes de AVALIAÇÃO constitui-se, então, necessidade inadiável. E, nesse esforço e desafio, há de se considerar, fundamentalmente, o contexto ATUAL em que se desenvolve a prática biotecnológica, ou seja, faz-se mister compreender as particularidades do momento presente do avanço do conhecimento, seus processos sociais, contradições, e, mesmo, a especificidade da produção das novas biotecnologias, a fim de discernir sobre quais abordagens avaliativas são mais adequadas, hoje. Trabalho que requer o exame dessas especificidades, bem como dos principais modelos e enfoques de avaliação utilizados no tratamento da ciência e da tecnologia.

Diante disso, o presente capítulo constitui-se em discussão fundamental para os propósitos da pesquisa, a saber, apresentar, com base em amplo levantamento de informações junto aos indivíduos diretamente responsáveis pela prática biotecnológica no País, idéias e indicações para a formulação de proposta de avaliação para programa estratégico em ciência, tecnologia e inovação, focalizando a área da biotecnologia, no Brasil.

Embora muito do que se pretende desenvolver nesta parte do trabalho, ainda que de modo preliminar, possa-se aplicar a outros campos do desenvolvimento e do conhecimento de ponta, como o da informática, é importante destacar, inicialmente, que as análises não visam a estabelecer generalizações para todos esses campos. Assim, há aspectos comuns – como as formulações a respeito das REDES, conforme discussão a ser apresentada na última parte deste capítulo –, mas muitas especificidades, também, características próprias de cada prática investigativa e econômica determinada.

Por outro lado, pensar no tema da avaliação implica trazer para a cena do debate não apenas toda a complexidade técnica que a envolve, porém todo um conjunto amplo de questões políticas e institucionais, atinentes aos vários interesses em jogo, quando o assunto é avaliar; é o que se tem insistido em toda a exposição inicial do presente trabalho.

Nesse sentido, nenhuma avaliação ou modelo de avaliação é neutro, isento ou imune aos interesses de grupos e indivíduos. O que não torna a avaliação algo equivocado ou necessariamente tendencioso, mas condicionado socialmente, sujeito a muitos conflitos e muitas divergências.

A esse respeito, também não é suficiente ressaltar a isenção e o caráter ético do trabalho de avaliação e de divulgação dos resultados – aliás, isto precisa de ser feito –, prevenir que os atores não serão punidos ou premiados, e assim por diante. Tudo isso é cuidados e condições básicas que se deve considerar em bom trabalho de avaliação, sem o que não se consegue, minimamente, informações sequer fidedignas.

Não obstante, tais cuidados e preocupações são insuficientes para contornar toda a dimensão de conflitos e de disputas políticas associadas à avaliação, conforme ressaltado no primeiro capítulo, ao se abordar a atividade agropecuária. O que se quer dizer é que, independentemente do que venha a se professar, e até cumprir, com relação a estratégias de avaliação, esta terá sempre conseqüências práticas importantes para avaliadores e avaliados, que não podem ser ignoradas, ou seja, mesmo que não se procure punir ou premiar com base nos trabalhos de avaliação, os vários processos aí relacionados e os seus resultados finais acabam por exercer influências importantes na imagem dos avaliados, bem como nos próprios avaliadores, ao receberem parcelas relevantes de poder, visibilidade e prestígio, em decorrência de sua participação nesse trabalho. Fatos estes que ressaltam a dimensão POLÍTICA da avaliação.

Só o fato de se saber que se está sendo avaliado e que os resultados dessa avaliação repercutirão no acesso a novos recursos, em maior visibilidade, ou não, já implica muita disputa, controvérsias, que atingem também a dimensão propriamente técnica da avaliação.

Em suma, dimensão técnica e dimensão política da avaliação condicionam-se mutuamente, exigindo enfoques integrados e evitando-se perspectivas muito parciais, a exemplo das discussões centradas, exclusivamente, em torno de listas de indicadores, modelos estatísticos sofisticados e recursos informacionais. Todos esses aspectos técnicos são relevantes e devem ser considerados em processos conseqüentes de avaliação. Contudo, estão longe de esgotar o assunto.

Esse é o tom que se tenciona seguir: para a elaboração de abordagem adequada de avaliação, faz-se mister a inclusão de várias dimensões – técnica, ideológica, política, cultural e econômica –, as quais PRECISAM DE SER CONSIDERADAS EM SEU CONJUNTO; é este o sentido preciso da discussão em torno do conteúdo social da nova biotecnologia, realizada no Capítulo 1.

Isto posto, não se pretende apresentar, aqui, pura e simplesmente, variáveis e indicadores para a avaliação de programas estratégicos em ciência, tecnologia e inovação; neste trabalho, os indicadores e as variáveis assumem caráter apenas ilustrativo – tomando-se como referência a prática biotecnológica. Mas, tenciona-se discutir, sobretudo, as várias implicações e os vários desdobramentos do que se considera abordagem mais adequada sobre o tema.

E o que pode ser isso? Como situar o problema da avaliação para ciência, tecnologia e inovação, sem descurar de seu componente técnico – concernente à formulação de indicadores e de análises comparativas, por exemplo – e sem desconhecer e contemplar outros aspectos envolvidos? Que outros aspectos são estes? Como avançar nessa discussão?

Inicialmente, ao se falar em avaliação de ciência, tecnologia e inovação, há de se distinguir diferentes NÍVEIS de enfrentamento do problema.

Em termos bastante esquemáticos, pretende-se trabalhar, aqui, com cinco níveis de abordagem, os quais podem ser desdobrados ou subtraídos, dependendo do interesse e da necessidade, em situações concretas. São eles: 1) o nível do sistema nacional de inovação; 2) o nível do sistema local de inovação; 3) o nível de programas; 4) o nível de projetos; e 5) o nível da organização.

Cada nível possui especificidades, embora todos eles estejam conectados entre si, mediante variadas formas de interação e complementaridade.

A noção de sistema de inovação (nacional, regional ou local), de acordo com as formulações de Lemos (2000), consiste em uma:

> (...) rede de instituições dos setores público (universidades, centros de P&D, agências governamentais de fomento e financiamento, empresas públicas e estatais, entre outros) e privado (empresas, associações empresariais, ONGs, etc.), cujas atividades e interações geram, adotam, importam, modificam e difundem novas tecnologias, sendo a inovação e o aprendizado seus aspectos cruciais.

De modo mais específico, no nível do SISTEMA NACIONAL de inovação, identifica-se a existência, no mesmo espaço nacional, de produtores e usuários de inovação, interagindo entre si. A existência de tal sistema seria condição para o relacionamento eficaz com produtores ou usuários situados em outros sistemas nacionais de inovação (Lastres *et alli*, 1998).

Já o SISTEMA LOCAL de inovação, bem como os sistemas regionais, diferem do sistema nacional apenas no nível de abrangência. Tanto um como os outros constituem-se em espaços de múltiplas relações entre atores, programas e ações voltados à inovação e à difusão tecnológica.

Por sua vez, no nível do PROGRAMA, são articulados diferentes projetos, mediante objetivos e metas bem definidos, bem como recursos destinados a tais objetivos. O programa é formado por diversas ações de diferentes organizações e instâncias hierárquicas, que se aglutinam e trocam informações, recursos e capacidades, em torno de projetos específicos. É, nesse sentido, mais abrangente que o nível do PROJETO.

Este último consiste em ações e atividades operacionais, organizadas racionalmente, visando a atingir metas e objetivos mais específicos e delimitados que os identificados no nível dos programas. O projeto, assim como o programa, pode envolver diferentes setores, organizações e instâncias hierárquicas, em sua concepção e implementação.

Finalmente, o nível da ORGANIZAÇÃO consiste em unidades bem delimitadas da sociedade, compreendendo fronteira relativamente identificável, sistemas normativos internos, complexidade ou diferenciação de atividades e hierarquias e distribuição de poder entre os indivíduos e os grupos que a compõem.

Outra característica básica é que tais unidades são definidas a partir dos objetivos ou do objetivo precípuo para o(s) qual(is) foram criadas e em relação aos quais ou ao qual deve basear seu funcionamento interno e suas atividades.

Em termos empíricos, a organização é representada pelas empresas – públicas ou privadas –, pelas Universidades e institutos de pesquisa, pelas incubadoras de empresas e assim por diante.

Outra observação importante é que a expressão "programa", bastante utilizada ao longo deste trabalho, para se referir a um conjunto de ações sob a responsabilidade do Governo Federal, voltadas a um setor ou a um conjunto de atividades específicas, a exemplo dos programas estratégicos de ciência, tecnologia e inovação, precisa de ser mais bem definida, à luz das considerações anteriores.

Muitas vezes, tal expressão é tomada referindo-se ao sistema nacional como um todo, a sistemas locais, a conjuntos de projetos ou a atividades apoiadas no nível das organizações.

Contudo, o que se quer insistir, neste momento, é na necessidade de se precisar o âmbito da avaliação, o que inclui a definição do NÍVEL da abordagem e das ações e unidades que se pretende focalizar. Decisões estas que não são de natureza estritamente técnica, mas que dependem de recursos, disponibilidade de informações e interesses políticos.

Assim, ao se falar em avaliação de programas estratégicos de ciência, tecnologia e inovação, pode-se estar tomando, genericamente, acepção de sistema nacional e de ações macroorientadoras do Governo, como muitas vezes tem sido usual e até legítimo. No entanto, essa referência genérica pode não ser adequada na avaliação de determinada realidade. Em suma, faz-se mister decidir, antes de qualquer coisa, qual será o OBJETO e o âmbito da avaliação.

Outro aspecto relevante, a ser considerado, preliminarmente, refere-se à discussão sobre os critérios em função dos quais será medida a "qualidade" do objeto avaliado (empresa, instituição universitária, programa governamental, etc.).

Neste trabalho, a QUALIDADE do objeto avaliado não é tomada como algo dado, tampouco como propriedade intrínseca dele, mas como VALOR que é percebido ou atribuído por um indivíduo ou grupo de indivíduos a esse objeto (Trigueiro, 1995), com base em parâmetros próprios – subjetivos ou objetivos.

Diante disso, torna-se importante situar a problemática da avaliação não como meras descrições fiéis dos objetos – como propriedades ou atributos identificados nesses mesmos objetos, mediante métodos, instrumentos e indicadores precisos e adequados –, mas como decorrentes de RELAÇÕES determinadas entre um sujeito e um objeto. Sujeito este individual ou coletivo; objeto este natural ou socialmente construído, a exemplo das organizações e dos programas e dos projetos em ciência, tecnologia e inovação.

Assim, a problemática da avaliação em ciência, tecnologia e inovação contrapõe, sempre, um sujeito avaliador e um objeto avaliado, cada um dos quais representando aspectos de muitos questionamentos e controvérsias.

Além desses aspectos, também é muito importante ter claro o que se pretende fazer com os resultados da avaliação, ou com o processo de avaliação como um todo. Para que avaliar? Esta talvez seja a pergunta mais fundamental, implicando respostas complexas, com forte componente político.

Podem-se realizar avaliações apenas como parte do cumprimento formal de acordos com determinadas instituições e programas que passam a exigir este quesito na implementação de projetos e ações, ou em atividades conjuntas.

Também podem-se realizar avaliações como exigências de rotinas de determinados órgãos públicos ou ainda para "dar certa satisfação à sociedade", gerando-se com isto listas comparativas envolvendo inúmeros quesitos, indicadores e instituições, localizadas em ampla estratificação numérica ou qualitativa.

Contudo, tais exigências e demandas não esgotam a questão referente ao que fazer com o resultado de avaliações públicas. Mais relevante pode ser saber de que modo se pode utilizar as informações provenientes da avaliação, a fim de proporcionar melhorias na qualidade dos objetos, de propiciar correção de rumos e de incrementar o processo de tomada de decisões.

Assim, dependendo do que se deseja fazer com a avaliação, os seus usos podem ter efeitos e conseqüências bem diversificadas: tanto possibilitam levar as unidades avaliadas a buscarem na comparação o estímulo para superarem dificuldades e obstáculos importantes, quanto podem favorecer o conflito e a disputa por recursos escassos, a fragmentação interna do sistema de instituições ligadas ao mesmo assunto, o nivelamento e a tendência homogeneizadora, no embotamento de formas singulares.

Ter claro todos esses aspectos e questões e decidir adequadamente, cotejando, simultaneamente, a dimensão técnica e a política presentes em esforços avaliativos é boa condição para a construção de abordagens conseqüentes de avaliação.

Os vários tipos de questões, concernentes à problemática da avaliação em ciência, tecnologia e inovação, são apresentados, esquematicamente, na Figura 1, que se segue.

Na área 1, a problemática da avaliação refere-se às questões relacionadas à própria atividade de investigação, em seu conteúdo técnico, como aquelas ligadas: à OPERACIONALIZAÇÃO DOS CONCEITOS e à construção de indicadores, de sua mensuração e validação; às decisões voltadas ao levantamento de dados primários e secundários; à identificação dos critérios de qualidade; e à análise e à interpretação dos dados, apoiados em todo um acervo de conhecimentos teórico-metodológicos e nas diversas técnicas de pesquisa disponíveis para essa empreitada. Trata-se de área de grande complexidade, tendo merecido parte preponderante da atenção de especialistas nas lidas envolvendo avaliação.

Por sua vez, a área 2 abrange todas as questões referentes ao âmbito de QUEM fará os julgamentos de qualidade – seus interesses, seus estilos e suas preferências de abordagem, concepções ideológicas e valores em geral. Ao se distinguir essa esfera de atenção daquela propriamente técnica, não se está tentando forçar a aceitação da idéia de que a avaliação é exclusivamente constituída de vieses e distorções; aliás, estes sempre estão presentes, por melhores que tenham sido os procedimentos adotados e o rigor científico e técnico. Ao contrário, quer-se insistir que a atribuição de valores (o julgamento) e as interpretações atinentes ao objeto avaliado não podem significar meras descrições – a presumível neutralidade – obtidas a partir dos dados e informações produzidas na avaliação; assim, para o mesmo fato podem existir diferentes perspectivas, ângulos de análise, valores, que acabam por condicionar o julgamento do objeto avaliado. Nesse sentido, tal julgamento estará sempre carregando a marca dos seus protagonistas, suas expectativas, crenças e ideologias.

FIGURA 1
Áreas de problematização para a avaliação em programas estratégicos de ciência, tecnologia e inovação

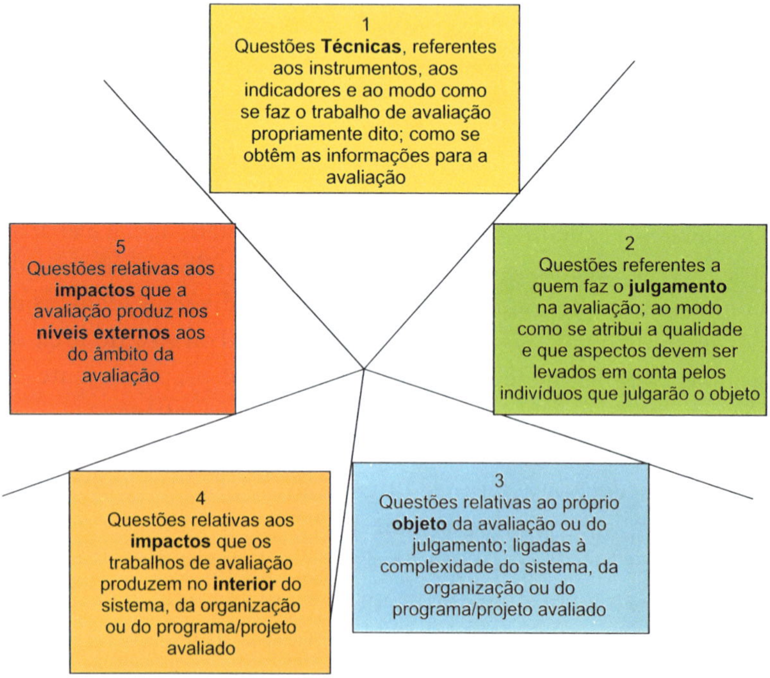

Isso é bem evidente, por exemplo, ao se abordar a sistemática de avaliação de Instituições de Ensino Superior, atualmente em curso no País (Trigueiro, 2000), quando determinadas visões hegemônicas, mormente aquelas provenientes de comissões de especialistas oriundos de Universidades Públicas, procuram julgar realidades bem distintas (por exemplo, a dos estabelecimentos isolados de ensino superior)

daquela de sua formação e atividade permanente, com base, fundamentalmente, nessa formação e em seu próprio enfoque, segundo o que consideram adequado e de qualidade.

Em muitos casos, isso tem gerado distorções nas avaliações feitas por esses especialistas, negligenciando-se experiências inovadoras e originais, como pesquisas de cunho mais aplicado e adaptado às realidades das instituições, apenas por não seguirem os cânones estritos do que consideram valor acadêmico. O resultado final tende a ser relativo empobrecimento de nossa diversidade acadêmica, em prejuízo de determinadas perspectivas.

Obviamente, nem toda a avaliação considerada de baixa qualidade reflete apenas perspectivas parciais, de grupos hegemônicos. Além disso, a comparabilidade com base em critérios universais, parâmetros consagrados e indicadores consensuais é legítima e deverá permanecer, independentemente de novas abordagens de avaliação. Contudo, está-se ressaltando a necessidade de que um ou outro enfoque não seja reificado, uma vez que há outras interpretações em jogo, diferentes concepções e maneiras de considerar a qualidade do que está sendo julgado.

Tais observações tornam-se especialmente relevantes, ao se considerar uma série de queixas e reivindicações de diferentes atores que lidam com a prática biotecnológica no País, no sentido de se buscarem abordagens mais específicas e voltadas para distintas realidades, ou seja, conforme se verificou no capítulo anterior, evitando-se tratar, por exemplo, de empresas incubadas com o mesmo parâmetro que laboratórios científicos de Universidades. Afinal, já se disse, "ninguém é inteiramente bom juiz, se é juiz e parte interessada".

Em suma, é necessário levar em conta o âmbito de quem avalia, e sob que ângulo ou enfoque está sendo feito o "julgamento de qualidade", a fim de que diferentes atores sejam devidamente contemplados e representados nos mecanismos, comitês e fóruns de avaliação, em programas, projetos, organizações ou mesmo em sistemas mais abrangentes. Este é um dos ganhos práticos da problematização da área 2, na Figura 1.

Outro aspecto a considerar, ainda em relação à Figura 1, diz respeito a todo um questionamento envolvendo a própria natureza do objeto avaliado (área 3) – a organização, o programa, o projeto e o sistema nacional, regional e local de inovação. São os elementos relativos à estrutura e aos processos peculiares a cada uma dessas instâncias e organizações.

Desconhecer ou minimizar as características de cada uma dessas realidades implica construir abordagens de avaliação superficiais e com pouco conteúdo prático, excessivamente generalizantes, pouco úteis para as correções de rumos e o processo de tomada de decisões.

Dessa forma, cada indicador requer a sua adequação e seu balizamento diante das ESPECIFICIDADES das organizações e das redes de relações estabelecidas entre os vários atores que atuam em ciência, tecnologia e inovação.

O diagnóstico apresentado no capítulo anterior, a respeito da prática biotecnológica no Brasil, cumpre esse papel preliminar, juntamente com os vários estudos já disponíveis sobre o tema, visando à elaboração de abordagem adequada de avaliação voltada a essa prática.

As duas últimas áreas problemáticas indicadas na Figura 1 estão ligadas ao processo mais amplo de legitimação da prática biotecnológica, focalizada pela avaliação. Assim, a peculiaridade dessas duas áreas, no conjunto das demais, é o seu forte conteúdo POLÍTICO, ou seja, ambas abordam questões relativas aos impactos que os trabalhos de avaliação produzem no campo examinado (no estudo de caso presente, a biotecnologia), tanto no âmbito INTERNO de determinado nível, quanto em seu contexto EXTERNO.

Na área 4, quer-se destacar o peso e as conseqüências que o tema da avaliação assumem em diversas práticas cotidianas, DENTRO DE CADA NÍVEL FOCALIZADO, como, por exemplo: na estratégia de alocação de recursos financeiros em determinada organização; no gerenciamento de bolsas de treinamento, em dado sistema local de inovação; nas modificações curriculares e nos processos de criação de novas áreas, cursos ou projetos, dentro de programa específico.

Também faz parte dessa área de problematização todo um conjunto de reações e influências nos comportamentos e nas atitudes de todo o pessoal que integra cada nível determinado.

Já a área 5 procura destacar as questões afetas às conseqüências que os resultados da avaliação trazem no contexto externo ao do nível abordado pela avaliação – na sociedade, no Governo, em outro país e assim por diante. Isto é, do mesmo modo que internamente, a divulgação desses trabalhos implica diversas reações de apoio ou de crítica, oriundas de vários setores, com conseqüências práticas importantes, como a abertura de novos financiamentos para as Universidades, novos acordos e convênios firmados e a ampliação de certos setores voltados ao atendimento dos interesses do público em geral.

Ao se destacarem as duas áreas anteriores, pretende-se enfatizar a dimensão sociopolítica e prática ligada à problemática da avaliação em ciência, tecnologia e inovação, insistindo-se na necessidade de se desmistificar suposto caráter neutro eventualmente imputado ao tratamento da questão da avaliação.

Em outras palavras, o tema da avaliação e o da busca da qualidade são repletos de interesses e conseqüências práticas, seja quando esse impacto tem origem internamente, seja quando provém de forças e pressões externas ao objeto avaliado.

Enfim, as áreas 4 e 5 da Figura 1 chamam a atenção para o fato de que, constituindo assunto de grande interesse da comunidade interna e da sociedade, a avaliação deve ser situada dentro de perspectiva sociocultural e política coerente e adequada à realidade local e do País, como um todo.

Toda essa discussão ressalta a complexidade da avaliação em ciência, tecnologia e inovação, seus desdobramentos e as múltiplas dimensões envolvidas.

Seguindo essa linha de preocupações e de entendimento, pretende-se desenvolver, nas próximas seções, um conjunto de reflexões voltadas a levantar proposições que possam ser úteis para a avaliação em programas estratégicos em ciência, tecnologia e inovação.

A idade de ouro

As abordagens tradicionais de avaliação em ciência, tecnologia e inovação

Uma vez constituído o mundo, os primeiros tempos representaram Era de inocência e harmonia – a Idade de Ouro. Nessa época, reinavam a verdade e a justiça, e não havia juízes para condenar ou leis a serem impostas. As matas e as florestas permaneciam intocadas e não eram necessárias fortificações para proteger as cidades. Os instrumentos de guerra eram desconhecidos, e a Terra fornecia o necessário para se viver, sem o cansaço do trabalho diário. No mundo, presidia eterna primavera, onde o aroma das flores se misturava ao frescor das águas dos rios, em completa harmonia.

Conforme se comentou na Introdução, Gibbons *et al.* (1994) procuram contrastar dois grande contextos de produção científico-tecnológico, no desenvolvimento histórico social contemporâneo. O primeiro, chamado tradicional, fundamenta-se em modo eminentemente disciplinar e linear, com pouca heterogeneidade de atores e fortemente hierarquizado; o atual, marcadamente interdisciplinar, bastante heterogêneo, menos hierarquizado e bastante contextualizado, em termos de articulação direta e imediata entre a pesquisa básica, a aplicada e o desenvolvimento tecnológico.

O argumento básico que se pretende ressaltar, nesta parte do trabalho, reside na idéia de que as abordagens tradicionais de avaliação, que presidiram o primeiro momento do desenvolvimento científico-tecnológico contemporâneo, são inadequadas para dar conta da complexidade presente na prática biotecnológica atual, que se constitui, tipicamente, como um fenômeno de redes, conforme mais bem descrito no Capítulo anterior. Em outras palavras, as abordagens tradicionais de avaliação de programas de ciência, tecnologia e inovação, no País, não são suficientes para mensurar satisfatoriamente aspectos e realidades importantes em áreas de ponta do desenvolvimento científico-tecnológico contemporâneo, a exemplo do que ocorre nas novas biotecnologias.

Na seqüência, pretende-se apresentar, de modo mais minucioso, a fundamentação desse argumento, examinado o que se está considerando, aqui, as abordagens TRADICIONAIS de avaliação.

Ao relacionar esta discussão à IDADE DE OURO, na descrição do mito sobre a origem do mundo, associando-se a fase da ventura e da concórdia a tal abordagem, não se está querendo dizer que, como na lenda, a inocência e a falta de controvérsias sejam as características do contexto no qual vigorou (e ainda vigora) o enfoque tradicional de avaliação em ciência, tecnologia e inovação. Ao contrário, pretende-se, com essa referência mitológica, destacar a força e a hegemonia desse tipo de abordagem e o seu alto grau de "estabilização de controvérsias" ou de "fechamento de caixa preta", usando, novamente, expressões típicas de Latour. O que não significa dizer que não tenha havido esforços no sentido de abrir essa caixa preta ou de buscar colocá-la à prova.

Porém, em que pese esforços nesse sentido, pode-se dizer que não lograram êxito, inteiramente, permanecendo, ainda hoje, muito forte o paradigma tradicional de avaliação. O que se quer insistir, contudo, é que o contexto atual do avanço do conhecimento tem trazido novos desafios (foram criadas novas armas, para continuar na referência ao "fogo sagrado", na imagem mítica) para as sistemáticas de avaliação.

Inicialmente, como foi visto ao longo dos primeiros capítulos, a prática biotecnológica constitui-se não exatamente em área do conhecimento, mas em complexo científico-tecnológico-industrial, perpassado por extensas redes de relações, envolvendo atores os mais diversos.

Então, levando em conta essas peculiaridades, entende-se que, atualmente, muitas das avaliações hoje disponíveis no País, a respeito da atividade científico-tecnológica – entre as quais se destaca a metodologia utilizada pela CAPES – são inadequadas e, muitas vezes, incompatíveis com a natureza daquela prática.

A propósito, vale insistir, a prática biotecnológica abrange não só cursos de pós-graduação, programas e pesquisa acadêmica em Instituições de Ensino Superior – foco da sistemática de avaliação da CAPES –, mas, igualmente, indústrias, laboratórios privados, empresas incubadas e parques tecnológicos, por exemplo. Diante disso, quem avalia, atualmente, essas outras unidades e atividades produtivas relacionadas à atividade biotecnológica, também sujeitas à destinação de recursos governamentais e à sua supervisão?

Existem, além da avaliação da CAPES, vários outros esforços, por parte do Governo e de organizações não-governamentais – em vários Ministérios, na EMBRAPA, no CNPq, na FINEP, na Associação Brasileira de Instituições de Pesquisa Tecnológica (ABIPTI) e nos próprios institutos de pesquisa – que levantam informações e apresentam indicadores para medir a eficiência na pesquisa, o retorno dos investimentos e a qualidade da instituição.

Entretanto, no geral, verifica-se grande produção de dados, relatórios descritivos, informações de todo o tipo, mal articulados entre si, dispersos e fragmentando a realidade focalizada.

Ficam, então, as perguntas: como compor, nesse conjunto diversificado de informações, visão mais integrada de cada problemática avaliada? Como extrair desses relatórios informações mais adequadas ao processo de tomada de decisões e de formulação de políticas? Enfim, como balizar-se nesses dados para propor correções de rumo e melhoria da qualidade do sistema como um todo e das instituições que o integram?

As sistemáticas de avaliação que ora dominam o cenário tendem a apresentar respostas negativas para estas questões, ou seja, as abordagens tradicionais de avaliação não têm propiciado respostas mais favoráveis a tais perguntas, ficando a impressão de que os resultados dessas avaliações são, no geral, bastante subutilizados.

Não obstante, no importante trabalho desenvolvido pela ABIPTI, intitulado "Projeto Excelência na Pesquisa Tecnológica", por exemplo, verifica-se notável avanço na abordagem de avaliação nesse tipo de instituição, mediante a utilização de indicadores dentro de perspectiva sistêmica, procurando abranger várias dimensões das referidas organizações – como liderança, estratégia e planos, clientes e sociedade, informações e conhecimento, processos, resultados e pessoal envolvido internamente. Nessa abordagem, destaca-se a busca de visão integrada de tais dimensões e a formulação de critérios de qualidade para as instituições produtoras de tecnologia.

Contudo, também essa Associação não cobre todo o espectro de grupos, instituições e processos atinentes à prática biotecnológica. Além disso, a metodologia empregada por ela não se atém, de maneira satisfatória, a especificidades de cada campo de atuação das instituições. Tal fato acaba por reificar determinados indicadores, em detrimento de outros, favorecendo especialmente visão mais tipicamente identificada com o setor produtivo, nem sempre adequada para determinadas organizações de pesquisa – a exemplo dos itens "imagem e conhecimento de Mercado", "relacionamento com clientes" e "interação com a sociedade", os quais compõem o quesito "clientes e sociedade".

Assim, nessa perspectiva, as instituições consideradas excelentes são também aquelas que tendem a se aproximar mais do paradigma de funcionamento de empresas privadas. O que, no extremo, significa classificar como excelentes apenas as instituições que mais se aproximam daquelas que, segundo essa visão, dispõem de condições de elevado padrão de desempenho, à luz de critérios tipicamente empresariais, o que pode resultar em alguma coisa um pouco tautológica, talvez.

Em suma, a despeito de sua importante contribuição em desenvolver ferramentas e processos de avaliação em organizações produtoras de tecnologia, a abordagem empregada pela ABIPTI ainda não dá conta de ocupar demandas e preencher vazios importantes no esforço avaliativo para ciência, tecnologia e inovação.

Digno de registro é o exemplo da EMBRAPA, acumulando larga experiência no campo da avaliação em organização de pesquisa e de produção de tecnologia, calcada em visão sistêmica bem articulada com processos decisórios e de planejamento. Uma das contribuições importantes da avaliação institucional realizada pela EMBRAPA diz respeito ao que se chamou "Modelo CIPP", que será abordado detalhadamente, mais adiante.

Outra abordagem de grande repercussão no País é a utilizada pela CAPES para avaliar os programas de pós-graduação. Trata-se de modelo já bem consolidado e que tem propiciado, ao longo dos anos, melhoria de qualidade de muitos cursos de pós-graduação no Brasil, ao induzir os avaliados a buscar novos patamares de visibilidade e distinção no mundo acadêmico, o que tem provocado sensível elevação do nível de excelência de nossa pós-graduação.

No entanto, em que pese toda essa importante contribuição, mesmo se for considerada apenas a dimensão estritamente acadêmica da prática biotecnológica, percebe-se, nos depoimentos colhidos na pesquisa e na leitura dos documentos disponíveis por aquela Agência, atinentes à avaliação, a lacuna e a inadequação dessa abordagem para dar conta de áreas com as características da biotecnologia.

Primeiramente, como já se comentou no capítulo anterior, do ponto de vista organizacional, a prática biotecnológica está dispersa em VÁRIOS comitês, especialmente nos das ciências biológicas, o que dificulta o tratamento de muitas peculiaridades. O fato de a pesquisa biotecnológica não ser da alçada restrita da biologia, imbricando-se com vários outros campos do conhecimento e da pesquisa básica, como a físico-química, a biofísica, a química de proteínas e a informática, implica elevado grau de complexidade no enfrentamento da avaliação, nessa área de pesquisa.

Assim, como avaliar programas de pós-graduação em biotecnologia, adequadamente, dentro do desenho organizacional baseado nos comitês de áreas? Qual ou quais as áreas mais pertinentes para basear tal avaliação?

Se pensarmos no Comitê Interdisciplinar, que, em seus próprios termos, no documento da área, entende o seu papel como "semelhante ao de uma incubadora", isto é, os cursos sob a sua alçada são transitórios, "devendo ser incorporados a outros comitês, na medida em que estes abram os respectivos espectros de abrangência disciplinar", como fica, novamente, o campo de investigação e os programas em biotecnologia, dentro dessa perspectiva? Qual o momento, o critério, para se considerar emancipado do Comitê Interdisciplinar, se justamente essa é uma das marcas da biotecnologia – a interdisciplinaridade? E para onde "migrariam" ou onde se abrigariam tais programas? Em qual área se fundamentariam e por quem se deveriam pautar?

E o que se está dizendo para a prática biotecnológica também vale para outros campos de ponta do desenvolvimento e do conhecimento, ou seja, a limitação da abordagem utilizada pela CAPES, segundo enfoque organizacional com base em comitês de áreas.

A esse respeito, poder-se-ia contrapor perguntando-se: como, então, foi tão bem sucedida a sistemática de avaliação da CAPES? Como tem dado tão certo nesses últimos tempos?

É verdade, trata-se de modelo bem-sucedido. Mas, e este é o ponto, será sempre bem-sucedido, DESDE QUE O CAMPO DO CONHECIMENTO ESTEJA INSERIDO, PREDOMINANTEMENTE, OU SEJA TÍPICO DO "MODO TRADICIONAL DE PRODUÇÃO DO CONHECIMENTO", para usar a expressão do livro de Michael Gibbons, comentado na Introdução do presente trabalho.

Assim, o argumento é que, para áreas que se situam, francamente, no novo modo de produção do conhecimento, a exemplo da biotecnologia, o modelo da CAPES utilizado até então é nitidamente inadequado. Ele não dá conta de tratar, apropriadamente, da INTERDISCIPLINARIDADE – sua lógica é a da disciplinaridade, como fica evidente a partir da citação do documento do Comitê Interdisciplinar –, da dimensão mais tecnológica dessas áreas de ponta, de sua necessidade de se organizar mediante extensas e complexas redes de interação, envolvendo empresas privadas, parques tecnológicos, laboratórios consorciados, e assim por diante.

Em outras palavras, a biotecnologia não cabe dentro do modelo utilizado pela CAPES para avaliar os programas de pós-graduação no País.

Alguns elogios são registrados durante as entrevistas, especialmente em relação ao trabalho do Comitê das Ciências Biológicas II, e ao rigor nos critérios acadêmicos. Contudo, este trabalho pretende levantar algumas questões que ficaram bem evidentes ao longo da pesquisa, como a necessidade de se pensarem novas abordagens para avaliar áreas de ponta do conhecimento. O que inclui, não só novo enfoque organizacional, distinto do padrão tradicional, relativo à composição e ao funcionamento dos comitês acadêmicos – mudanças com grandes implicações políticas e institucionais –, mas também outro arcabouço teórico-metodológico.

Isto será feito, aqui, examinando-se um por um os vários indicadores de avaliação utilizados pela CAPES e as instruções para o preenchimento dos formulários, contidos nos seus documentos orientadores, especialmente no "Manual Data Capes".

Primeiramente, no item referente à "proposta do programa" não há referências claras ou quaisquer exigências de peso que reflitam preocupações com o contexto e o ambiente externo no qual se insere o programa avaliado, a não ser o seu próprio âmbito acadêmico. Com isso, ficam subestimadas ações e todo um conjunto de expectativas importantes para a biotecnologia, no que concerne, por exemplo, às relações interinstitucionais, levando a que esse item (indicador) tenda a fortalecer visões excessivamente endógenas nos programas avaliados.

No quesito referente ao corpo docente, chama a atenção o item com maior peso, o indicador "NRD 6",[1] o qual destaca a grande inserção e envolvimento do docente/pesquisador no programa avaliado. Se, de um lado, esse indicador procura valorizar grande participação e dedicação do docente/cientista no programa de pós-graduação, o que parece bastante razoável na boa tradição acadêmica, de outro lado, considerado o peso e a importância que assume nessa avaliação, acaba por punir ou, pelo menos, não beneficiar os programas que desenvolvem intensas atividades em parceria, em que os docentes precisam de "dividir" o tempo de dedicação ao programa com o trabalho em outras instituições parceiras; fato típico da prática biotecnológica. Nessa mesma linha de preocupações, vale ressaltar o peso mínimo atribuído ao intercâmbio ou à renovação do corpo docente, o que, novamente, tende a prejudicar a área da biotecnologia, muito dinâmica e com grande circulação de profissionais.

No que diz respeito aos indicadores relacionados às atividades de pesquisa, a avaliação da CAPES valoriza, principalmente, "vínculos entre linhas de pesquisa e projetos" e "adequação e abrangência dos projetos e linhas em relação às áreas de

[1] Quantitativo de docentes servidores públicos ou com vínculo CLT, com mais de 9 meses no Programa, carga horária semanal na Instituição maior ou igual a 30 horas e dedicação ao Programa de pelo menos 30% dessa carga horária.

concentração e à proposta do programa". Ora, considerando-se que tal proposta tende a reforçar visões endógenas ao campo do conhecimento avaliado, conforme comentado anteriormente, uma vez que esse item é tomado como referencial importante do indicador de atividades de pesquisa do programa, a tendência é que, por mais razão ainda, estas atividades reflitam principalmente interesses acadêmicos estritos, mormente dos grupos hegemônicos na área enfocada. Mais uma vez, não se verifica exigência alguma a que as atividades de pesquisa expressem visões e necessidades de fora do "campo epistêmico" ou da especialidade, ou articulações interinstitucionais, tampouco exigências quanto a possíveis desdobramentos dos conhecimentos produzidos, sua vinculação com tecnologias e com inovações. Novamente, o ambiente externo ao do programa fica negligenciado, o que é problemático no campo da atividade biotecnológica.

Quanto aos indicadores de "atividades de formação", o que vale, na sistemática de avaliação que se está analisando, é a "adequação e abrangência da estrutura curricular relativa à proposta do programa e as suas áreas de concentração". Quer dizer, ainda aqui a proposta do programa avaliado, com todos os vieses que possam conter, é assumida como referencial básico. Não é o caso de se perguntar se não seria interessante que uma abordagem de avaliação também questionasse a própria NATUREZA da proposta do programa, buscando introduzir itens que venham a induzir mudanças de direções na condução da pesquisa. A esse respeito, há de se considerar que está em jogo muito mais que os interesses acadêmicos, na formação dos futuros cientistas, o que ficou bem claro no exame da prática biotecnológica, no capítulo anterior. Por exemplo, não seria importante incluir indicadores referentes ao empreendedorismo, nos programas de pós-graduação em áreas de ponta? Ou outros que favoreçam o intercâmbio de experiências externas e a vinculação com produtos e processos tecnológicos?

Quanto ao corpo discente, a "amplitude de recrutamento" é o indicador com menor peso, atualmente. Não é o caso de se inverter essa importância atribuída, sobretudo em áreas como a da biotecnologia, uma vez que pode ser muito relevante a HETEROGENEIDADE DE EXPERIÊNCIAS e a diversidade de formações, na participação nos programas? Por outro lado, há ênfase em aspectos quantitativos, em detrimento de avaliações mais voltadas ao questionamento quanto ao tipo e à qualificação do profissional formado. Assim, por que não se verificar, por exemplo, a origem do corpo discente, experiências profissionais anteriores e a sua inserção no Mercado de trabalho e sua atuação após a formação? O que é desejável do ponto de vista do novo perfil acadêmico? É interessante incentivar o "estudante de carreira" (expressão usada por um dos entrevistados) ou é preferível estimulá-lo a participar de outras atividades, fora do ambiente universitário? Enfim, como tudo isto pode ser alcançado a partir de novos indicadores de avaliação?

Em relação ao quesito "teses e dissertações", o item com menor peso refere-se a "participações de membros externos", o que reforça a perspectiva disciplinar e internalista no programa. O que importa, aqui, são os "vínculos das teses e dissertações com as áreas de concentração e com as linhas e projetos de pesquisa"; não há referência alguma a "implicações práticas", "resultados gerados", "patentes produzidas" e assim por diante.

No que concerne à produção intelectual, a ênfase recai nas publicações, notadamente as de caráter científico, em importantes periódicos. Um dos itens mais valorizados refere-se ao que se chamou "qualidade dos veículos ou meios de divulgação". Mas, pergunta-se, o que, efetivamente, isto significa? Como lidar com especificidades de cada campo do conhecimento? Por que não valorizar, também, fôlderes, comunicados técnicos, informes publicitários, enfim, qualquer tipo de notícia esclarecedora da pesquisa? (o que ficou evidenciado como algo muito importante, na pesquisa, principalmente na perspectiva das microempresas incubadas). A esse respeito, constata-se que, normalmente, é desvalorizado o esforço em se utilizar da grande mídia, nas rodas informais de conversas entre os cientistas, que vêem esse fato com desdém ou mesmo reprovação, conforme se evidencia nas falas como "tá querendo aparecer". Mas isso não é exatamente do que se precisa na biotecnologia? Aparecer mais, esclarecer o grande público? Não são atribuições cada vez mais importantes, hoje?

E quanto a patentes, não se verifica indicação alguma de valorização a essa realização na sistemática de avaliação da CAPES. Acaba por constar, nos relatórios individuais, como "outros", "atividades técnicas", "patentes", etc., mas não como algo que é bem pontuado no âmbito global do programa avaliado. Este foi outro aspecto muito enfatizado durante as entrevistas, bem como a necessidade de se incluirem indicadores relativos aos IMPACTOS das publicações.

Enfim, são muitos os questionamentos, os quais não têm, absolutamente, intenção alguma de diminuir o importante esforço dessa Agência, no campo da avaliação. A intenção, ao contrário, é buscar contribuir para o debate de tema tão complexo e que não se limita a uma dimensão apenas, como se procurou demonstrar na seção anterior. Muito mais tem de se discutir e avançar, principalmente quando se tenciona abordar áreas inéditas e as recentes configurações que a pesquisa e a produção assumem.

A idade da prata
O modelo CIPP

Na evolução da vida na Terra, a IDADE DE OURO foi sucedida pela IDADE DE PRATA. No desdobrar dos acontecimentos na natureza, Zeus diminuíra a primavera e passara a dividir o ano em estações. Pela primeira vez o homem teve de sofrer com o calor e o frio, e tornaram-se necessárias as casas, sendo as cavernas as primeiras moradas. Fez-se necessário, então, o trabalho árduo, o plantio e a colheita, o que foi feito com a ajuda de alguns animais.

As novas estações para a ciência e a tecnologia – as modernas técnicas de engenharia genética, o *microchip*, os novos materiais, os progressos na informática, e assim por diante – passaram a requerer, crescentemente, recursos pesados, novos laboratórios, poderosas organizações e muito dinheiro. Os rigores decorrentes de maiores pressões econômicas, sociais, políticas e científicas impuseram ao mundo da tecnociência grandes e sofisticadas redes de relações e complexos modelos de pesquisa.

As mudanças foram consideráveis e demandaram novas armas, ferramentas e categorias conceituais compatíveis com o novo tempo. Relativamente à prática biotecnológica, tem-se procurado mostrar a sua extrema complexidade e a necessidade de se pensar em indicadores e abordagens mais inovadoras para a avaliação; o que requer apoiar-se em conhecimentos mais consolidados, mas, também, em ousadia e muito debate, para trilhar novas direções.

Nas discussões, a seguir, será feita a primeira tentativa de aproximação em tais direções, abordando importante modelo de avaliação para organizações com grande complexidade.

Uma das preocupações básicas, ao se buscar avançar na construção de uma abordagem de avaliação para ciência, tecnologia e inovação, é tentar contornar o que parece a principal limitação nas abordagens tradicionais: sua perspectiva parcial e fragmentária da avaliação. Essa perspectiva está refletida na grande quantidade de informações desconcertadas entre si, levando a que inúmeros relatórios descritivos sejam de pouca utilidade, por lhes faltar visão de conjunto e das relações estabelecidas entre os vários indicadores, bem como de seus nexos causais. "O que fazer com todos esses dados?" é pergunta muito freqüente quando se trata de dar destino aos resultados provenientes de estudos de avaliação.

Assim, a primeira aproximação na direção de proposta mais conseqüente de avaliação para a prática biotecnológica é delimitar enfoque que possibilite a visão de conjunto das dimensões e dos indicadores, bem como de suas conexões, permitindo que se possa identificar, mais claramente, no objeto avaliado, os problemas relevantes, os sucessos e as principais causas destes, informações estas que podem ser úteis no processo de tomada de decisões e nas correções de rumos.

A esse respeito, é importante destacar que a linha que se pretende adotar, aqui, entende a avaliação não como um fim em si mesma, mas como importante instrumento de gestão – subsídio indispensável para a tomada de decisões e o planejamento. Isso se torna relevante, na medida em que, conforme se destacou anteriormente, confere sentido e propósito determinado à avaliação, no esforço de condução da política voltada à ciência, à tecnologia e à inovação.

É com essas preocupações e perspectiva que se pretende apresentar o Modelo CIPP, a seguir.

O modelo que será explicitado está descrito com mais pormenores em Trigueiro (1994). A sigla que o designa – CIPP – refere-se às abreviações das quatro dimensões principais que o configuram, a saber: contexto, insumos, processos e produtos.

Basicamente, o CIPP segue dois grandes enfoques de modelos de avaliação: o enfoque baseado na tomada de decisões e aquele que se fundamenta nas clássicas abordagens de sistemas, apoiando-se nas formulações originais de Stufflebeam (1978), Borges-Andrade (1982) e Granger *et alli* (1993). Contudo, foram feitas adaptações para o presente trabalho.

Trata-se, o CIPP, de modelo tridimensional, conforme pode ser representado, esquematicamente, na Figura 2.

FIGURA 2
Modelo CIPP

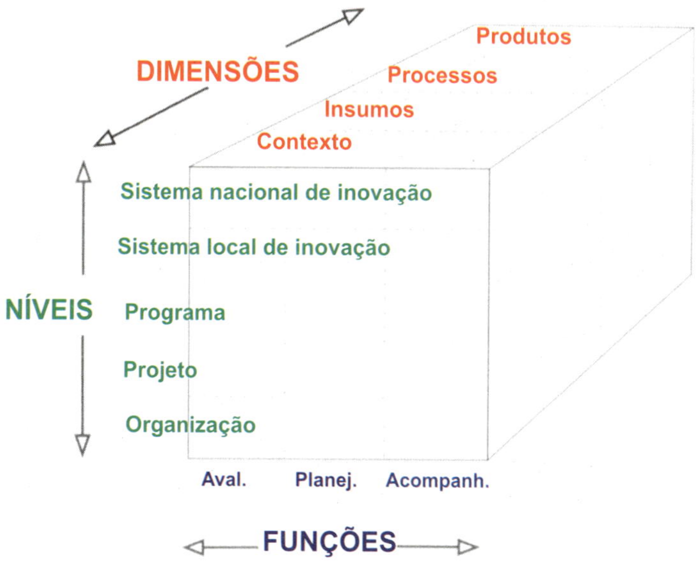

Inicialmente, a Figura 2 apresenta três grandes eixos de orientação: o das FUNÇÕES – avaliação, planejamento e acompanhamento; o dos CONCEITOS e grupos de variáveis; e aquele referente aos vários NÍVEIS enfocados nos processos de avaliação, planejamento e acompanhamento.

Convém ainda observar que, neste trabalho, será abordado apenas o bloco correspondente à avaliação, no eixo das funções.

Em outro eixo do modelo CIPP, expresso na Figura 2, localizam-se os CONCEITOS ou as DIMENSÕES, que serão os objetos da avaliação, e que designam o próprio modelo: contexto, insumos, processos e produtos.

As definições de cada uma dessas dimensões e o papel que cumprem na avaliação são apresentados, esquematicamente, por Granger *et alli* (1993: 35).

Segundo as palavras dos autores:

> AVALIAÇÃO DE CONTEXTO: Identifica a população objetivo, os principais clientes, os grupos de interesse e suas necessidades, diagnostica os problemas presentes, identifica OPORTUNIDADES e AMEAÇAS e julga se os objetivos propostos respondem às necessidades. Em geral, é usada para a seleção de objetivos e a determinação de prioridades internas.
>
> AVALIAÇÃO DE INSUMOS: refere-se à avaliação das CAPACIDADES físicas e dos RECURSOS humanos e financeiros, definidos com o propósito de oferecer uma orientação para a seleção de estratégias e procedimentos.
>
> AVALIAÇÃO DE PROCESSOS: é aquela que tem por objeto a predição ou identificação de problemas de IMPLEMENTAÇÃO, proporcionando informações para melhorá-la ou para redefinir procedimentos e processos.
>
> AVALIAÇÃO DE PRODUTOS: busca a descrição e valoração dos RESULTADOS organizacionais, em cada um dos seus níveis, em relação aos objetivos e metas e às necessidades dos clientes. Este tipo de avaliação também interpreta o valor e o mérito do resultado final obtido.

Os componentes do modelo CIPP (objetos da avaliação) fazem parte de todos os níveis do sistema como um todo ou de determinada organização em particular, ou seja, em uma universidade, por exemplo, podem-se identificar as dimensões referentes ao contexto, aos insumos, aos processos e aos produtos, tanto no nível dos decanatos ou pró-reitorias, como no dos institutos e das faculdades, no dos departamentos, no dos órgãos ou setores administrativos, e em programas, projetos e disciplinas.

O mesmo fato pode-se verificar nos diferentes níveis do sistema nacional de inovação, do sistema local de inovação, de programas e de projetos, desde que se identifiquem, em cada nível, quais as dimensões de contexto, insumos, processos e produtos que se pretende enfocar na avaliação.

Em suma, independentemente do nível ou da função considerada (avaliação, planejamento e acompanhamento), é possível identificar as quatro dimensões que designam o modelo em foco.

Processos, insumos, contexto e produtos são conceitos de grande utilidade para a avaliação em ciência, tecnologia e inovação. Entretanto, dessa maneira, ainda estão muito distantes do nível da observação dos fenômenos ou dos indicadores. Assim, é necessária a escolha de aspectos mais concretos para representar esses conceitos. Este procedimento metodológico, em busca de elementos mais diretamente verificáveis na realidade, consiste nas DEFINIÇÕES OPERACIONAIS, as quais pressupõem processos e técnicas bem conhecidos da literatura especializada.

O objetivo de tais definições é chegar aos INDICADORES de avaliação, para cada uma das dimensões destacadas acima. Porém, isto requer passagem por uma etapa intermediária, que se refere à formulação das VARIÁVEIS. Estas últimas têm, como propósito, aqui, ligar cada um dos conceitos ou cada uma das dimensões (contexto, insumos, processos e produtos) aos seus respectivos indicadores.

Apenas para ilustrar, alguns tipos de variáveis ligadas à organização universitária, para ficar com o mesmo exemplo anterior, podem ser: perfis de usuários e de clientes potenciais dos serviços e dos produtos obtidos das atividades realizadas, políticas e prioridades governamentais, condições e perspectivas do Mercado de trabalho para os recém-formados e acordos entre o governo local e as instituições internacionais sobre a área de ciência e tecnologia – referentes ao CONTEXTO; perfil e qualificação do corpo docente, recursos financeiros, qualidade dos laboratórios, e atitudes dos estudantes em relação aos seus cursos – relacionadas aos INSUMOS; envolvimento de alunos em projetos de pesquisa, integração das atividades de pesquisa e extensão às práticas curriculares, processo de definição e alocação de recursos orçamentários e ações de capacitação de recursos humanos – ligadas aos PROCESSOS; e novas tecnologias produzidas, formação de profissionais e relatórios de atividades de um órgão administrativo – relativas aos PRODUTOS.

Cada um dos componentes conceituais destacados anteriormente (contexto, insumos, processos e produtos) deve ser medido por um conjunto de variáveis que apenas tenham sentido em cada um dos níveis enfocados e que possam ser obtidas empiricamente.

Isto implica que tais variáveis não devem ser categorizadas, *a priori*, independentemente da análise e da compatibilização com o nível que esteja sendo enfocado, bem como de modo alheio à circunstância sociocultural, política e estratégica (de definição quanto aos objetivos da avaliação), relativamente ao momento em que ela se dará.

Assim como as variáveis, os indicadores, no presente modelo de análise, deverão ser elaborados durante a própria implementação da avaliação.

Dentro do mesmo exemplo comentado anteriormente, podem ser indicadores: número de programas para computador produzidos em determinado período, produção de motores para equipamentos industriais, no ano X, e produção de novos materiais para a construção civil – relativos à variável "novas tecnologias produzidas"; principais critérios de seleção de alunos para participarem de projetos de pesquisa, número de estudantes diretamente envolvidos em atividades de pesquisa no departamento e tipo de trabalho realizado pelo estudante nessas atividades – referentes à variável "envolvimento de alunos em atividades de pesquisa"; principais empresas e instituições que empregam profissionais de um campo de atividades, salários médios pagos a estes profissionais e atitudes e expectativas de importantes empregadores em relação às necessidades da área profissional considerada – ligados à variável "condições e perspectivas do Mercado de trabalho"; e número de professores – segundo titulação e regime de trabalho –, número de docentes com pós-graduação no Brasil e no Exterior – relativos à variável "perfil e qualificação do corpo docente".

Quanto ao eixo dos NÍVEIS, conforme representado na Figura 2, a idéia é ressaltar a necessidade de que a avaliação tenha adequada delimitação no que concerne ao seu foco de abordagem, evitando-se a dispersão de informações entre as várias instâncias e abrangências da realidade, de acordo com o que se comentou em outro momento do trabalho. Contudo, os exemplos destacados na mesma figura podem ser, por sua vez, desdobrados em diversas outras instâncias e níveis de abrangência, dentro dos interesses e das condições objetivas para a avaliação.

Após essas considerações preliminares, pretende-se ressaltar o que o presente estudo considera um dos grandes méritos do modelo CIPP, comparativamente a outros disponíveis na literatura sobre avaliação: o seu grande potencial explicativo, em análises de situações concretas.

Como se tem dito, especialmente na seção anterior, ao se focalizarem as abordagens tradicionais, é muito freqüente, na maioria dos trabalhos envolvendo a formulação de indicadores sobre avaliação em ciência, tecnologia e inovação, a ênfase em perspectivas mais descritivas e comparativas. Assim, diversos estudos restringem-se, basicamente, à apresentação de indicadores e de índices de produtividade de determinados setores da prática científico-tecnológica ou de alguma organização.

Destacam, por exemplo, que divisão, departamento ou empresa apresentou tais ou quais índices de produtividade, que, mediante a análise desse ou de outro indicador, atingiram níveis de excelência e elevada qualidade, e assim por diante, realizando, ressalte-se, determinadas comparações entre empresas congêneres ou entre os diferentes setores da mesma organização.

Entretanto, verifica-se que a problemática da avaliação ainda carece de estudos mais acurados, analíticos e interpretativos, visando à busca de melhores quadros EXPLICATIVOS ou de identificação de relações CAUSAIS para a adequada compreensão do objeto avaliado. Assim, tão importante quanto construir indicadores de avaliação e de qualidade, mensurá-los e obter índices que reflitam o bom ou o mau desempenho do sistema como um todo, de programas, projetos ou de organizações, é saber POR QUE apareceram tais resultados na realidade em tela, o que, enfim, explica aquele desempenho ou a qualidade de determinado produto ou resultado.

Isto remete a estudos causais, típicos de metodologia científica, que não serão tratados aqui. Porém, vale ressaltar, no contexto da presente discussão, os seguintes aspectos referentes à melhor compreensão e utilização do Modelo CIPP:

Primeiramente, ao se mencionarem as quatro dimensões que caracterizam e definem o modelo CIPP de análise, não se estabeleceu, de pronto, relação alguma entre elas. Entretanto, em sentido bastante esquemático, pode-se obter relações de causalidade entre essas quatro dimensões, conforme se expressa, matematicamente, do seguinte modo:

$P = f(C, I, Pr, P)$

Esta expressão significa que P (produto) é função de uma relação complexa envolvendo C (Contexto), I (Insumos), Pr (Processos) e P (Produtos).

Graficamente, as várias conexões entre tais dimensões podem ser representadas na Figura 3, adiante.

FIGURA 3
Modelo causal de explicação do Produto (Y), a partir das correlações entre o Contexto (X1), os Insumos (X2), e os Processos (X3)

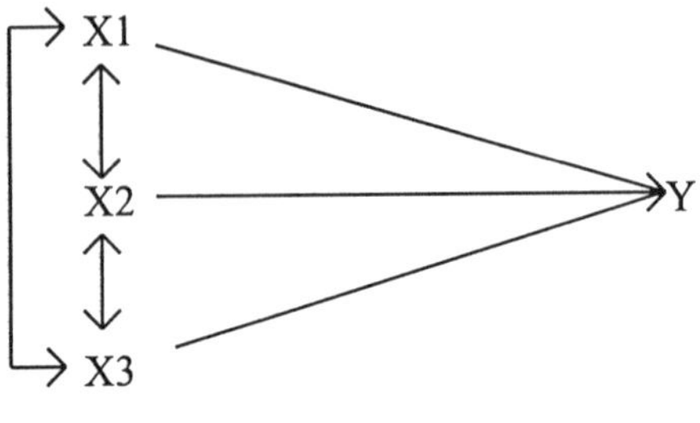

Nesse esquema teórico, o produto, como variável dependente, é determinado pela influência de correlações múltiplas, envolvendo o Contexto, os Insumos e os Processos. Ou seja, PRODUTOS de atividades organizacionais ou de redes de interações centradas em programas, em projetos ou em determinados sistemas de inovação (ou ainda em qualquer nível que se queira avaliar) podem ser compreendidos a partir do entendimento do modo como Contexto, Insumos e Processos, e suas mútuas interferências, acabam por influenciá-lo e condicioná-lo em última instância.

Do mesmo modo, também poder-se-ia pensar nas correlações que afetam os processos e naquelas que condicionam os insumos, tomando estas duas dimensões como variáveis dependentes e relacionando-as às outras.

Novamente, em linguagem matemática, essas relações podem ser expressas do seguinte modo:

$Pr = f(C, I)$

$I = f(C)$

O que se está querendo argumentar é que cada uma das variáveis do lado esquerdo das sentenças anteriores DEPENDE das demais apresentadas à direita, sendo, por estas, condicionadas.

Em suma, se for considerada, por exemplo, a dimensão do Produto, verifica-se, na Figura 4, que há determinação estrutural complexa, em que cada uma das outras dimensões é condicionada pelas demais, interferindo no resultado final (Y).

Esta digressão sinaliza para aspectos cruciais da problemática que se está analisando, pois pode contribuir, diga-se, para desmistificar certos "achados" de algumas avaliações descritivas. É o caso, por exemplo, de se ir além das meras constatações de que determinada organização ou programa de ciência e tecnologia alcançou melhor desempenho que outros congêneres – é mais produtivo, publicou mais, enfim, obteve "melhores resultados", segundo determinado indicador ou conjunto de indicadores –, e buscar compreender O QUE LEVOU A TAIS RESULTADOS.

Nesse sentido, examinando-se a relação entre as demais dimensões envolvidas, os problemas e as dificuldades encontrados no âmbito do Contexto, dos Insumos e dos Processos internos ligados ao objeto avaliado e relacionando-os aos

Produtos alcançados, é possível que se conclua que a organização ou o programa que foi classificado inicialmente como pior, na primeira comparação, seja reconhecendo, ao final, como o que apresentou os melhores índices de eficiência e de desempenho, por ter-se dedicado com mais esforço e determinação para atingir os seus objetivos pretendidos, a despeito de muitas dificuldades identificadas em seu Contexto, Insumos e Processos.

Enfim, volta-se àquela pergunta formulada na primeira seção deste Capítulo: qual o propósito que se espera com a avaliação? Ou seja, dependendo do que se pretenda, o interesse pode ficar apenas na mera comparação entre várias unidades avaliadas, com base em indicadores de resultados. O que pode não significar muito se a intenção for verificar quem de fato mais bem se dedicou à transformação de insumos e à realização de suas atividades, diante do contexto considerado, ao contrário de identificar quais os motivos reais, as causas das dificuldades e do "aparentemente baixo" rendimento obtido com base apenas no *ranking* comparativo.

Em suma, dizer que determinada empresa ou laboratório ou programa de parcerias obteve, por exemplo, uma única variedade de planta lançada, enquanto outro grupo obteve 10 variedades, e que, portanto, este último é mais "produtivo" ou mais eficaz que o primeiro, pode significar grande distorção em avaliações conseqüentes. No primeiro caso, é relevante considerar, por exemplo, qual o IMPACTO, no Contexto – no ambiente econômico e social – da única variedade lançada pela empresa ou pelo consórcio envolvido, ou de que modo foram utilizados os Insumos na obtenção da variedade de planta – seu custo econômico, quantidade utilizada, seu valor social – e assim por diante.

Em uma palavra, quadros comparativos são úteis e necessários, mas, dependendo do que se pretende considerar, de quais objetivos estão em jogo, podem não significar muito. Nesse sentido, o Modelo CIPP constitui-se importante ferramenta de avaliação, para compreender, de modo mais amplo, as várias conexões e os nexos causais, presentes nas realizações científicas, tecnológicas e inovativas.

Finalmente, pretende-se apresentar, a seguir, indicações a respeito da implementação do Modelo CIPP, em situações concretas, focalizando a prática biotecnológica.

Em primeiro lugar, deve se considerar que o Modelo em foco requer, para sua implementação, um conjunto de decisões e ações preliminares, envolvendo o grupo coordenador – responsável pela condução do processo avaliativo – e os atores que serão atingidos diretamente pela avaliação.

Seguindo essa preocupação, é importante ressaltar que o CIPP não constitui modelo de avaliação que se impõe "de cima para baixo", a partir de formulações geradas no grupo coordenador, como listas de indicadores, questionários e demais orientações metodológicas – a serem seguidas obrigatoriamente pelos avaliados, aos quais caberiam, no máximo, a prestação de informações e o mero preenchimento de relatórios.

Conforme se destacou no início dessa exposição, o Modelo CIPP é de grande utilidade para identificar problemas e suas causas e auxiliar os atingidos pela avaliação a corrigirem rumos e a tomarem decisões adequadas, visando à melhoria da qualidade. Nesse sentido, ele não é abordagem que substitui as estratégias e ações rotineiras, em muitas organizações e no serviço público, de levantamento de dados, com vistas em acompanhar gastos e a verificar o atingimento de metas físicas, por exemplo. Ao contrário, o CIPP constitui-se em ferramenta a ser utilizada na GESTÃO das organizações e dos sistemas de inovação e de atividades científico-tecnológicas, com propósito bem delimitado, COMPLEMENTANDO as iniciativas e tais trabalhos de levantamento de dados habituais.

Assim, considerando sua peculiaridade, o CIPP requer, necessariamente, a participação direta dos atores envolvidos com a avaliação, ao longo de todo o processo, que vai desde o momento da definição e da construção das variáveis e indicadores, até a análise e a interpretação dos resultados finais.

Em termos bem pragmáticos, uma das primeiras decisões, para avaliadores e avaliados, refere-se à definição quanto ao tipo de avaliação a ser empregada – se *ex ante*, durante o processo, ou *ex post*, ou seja, para que momento se pretende dirigir a atenção dos processos avaliativos. A idéia é que, dependendo desse tipo, poderemos ter grupos de variáveis bastante diferenciados, ainda que seja considerado o mesmo NÍVEL de referência, segundo a terminologia da Figura 2.

A estratégia de montagem de equipes e do funcionamento e a relação entre o grupo coordenador e os atores avaliados podem variar de acordo com interesses, condições político-institucionais e recursos financeiros, por exemplo. O importante é que todas as regras de funcionamento da dinâmica estejam claras para os vários envolvidos no processo de avaliação, regras estas que incluem compromissos éticos com a divulgação de resultados e transparência na condução de todo o processo e objetivos pretendidos.

Uma vez definido o tipo de avaliação e os níveis a serem focalizados, começa-se a formulação das variáveis e dos indicadores nos quais se irão apoiar todas as atividades subseqüentes.

Como se disse anteriormente, o trabalho de operacionalização dos conceitos não é predeterminado, ou seja, as variáveis e os indicadores não são dados, de antemão, pelo grupo coordenador; não estão disponíveis, pura e simplesmente, em alguma lista de especialistas, mas são definidos junto aos atores avaliados e o seu contexto histórico e cultural específico.

Também não se exige que tais indicadores sejam apenas de natureza quantitativa, ou que se apóiem, exclusivamente, em dados primários – oriundos de questionários e entrevistas, por exemplo –; aliás, há muito dado disponível nos vários sistemas de informação das organizações, ainda não analisado, que pode ser importante insumo para a avaliação.

O tipo de informação e a forma de tratá-la, igualmente, pode variar de caso a caso, segundo os objetivos da avaliação, o tempo previsto para sua execução e os recursos disponíveis.

O grupo coordenador pode desempenhar importante papel, facilitando a definição dos indicadores e das variáveis junto aos avaliados, bem como auxiliando-os nas decisões de caráter técnico. Isso é aspecto relevante a considerar, sobretudo se for levado em conta que muitos atores podem encontrar dificuldades com a terminologia e os conceitos aqui adotados, uma vez que não são, necessariamente, especialistas no assunto.[2]

A importância de sua participação, no entanto, liga-se à necessidade de que os indicadores e as variáveis reflitam de maneira a mais adequada possível a realidade avaliada, o universo simbólico e os principais interesses dos atores atingidos por esse trabalho de avaliação.

Embora haja grande diversidade de tipos de variáveis e indicadores dentro mesmo de uma organização, mudando-se de unidade para unidade da instituição, o fator que "liga", a linguagem comum, é a terminologia centrada nos conceitos de Contexto, Insumos, Processos e Produtos, ou seja, independentemente do nível a ser avaliado, do tipo de avaliação e da unidade enfocada, em todos os casos, são identificados tais conceitos. Em suma, a metodologia é a mesma.

Em termos práticos, o trabalho de construção das variáveis e dos indicadores deve resultar na elaboração de matrizes metodológicas, as quais deverão conter o nível da avaliação, a dimensão enfocada, as variáveis a ela associadas e os indicadores que são desdobrados de cada grupo de variáveis.

A matriz metodológica deve conter ainda, uma vez identificadas, as variáveis e respectivos indicadores, as fontes de informações e os instrumentos de obtenção de dados.

A seguir, pretende-se apresentar cinco quadros que representam partes de matrizes metodológicas do CIPP, exemplificando-se a prática biotecnológica. Esses quadros não têm outro propósito algum que ilustrar as potencialidades do Modelo para ciência, tecnologia e inovação.

---

2 De acordo com Quirino & Coqueiro (1985), "as consultas com os indivíduos e grupos de interesses envolvidos com a instituição são a base para criar um processo participativo de avaliação, planejamento e acompanhamento, e para identificar que aspectos devem ser examinados. Isto se consegue submetendo listas prévias de variáveis à revisão e contribuição dos grupos ou pedindo-lhes que apresentem sugestões".

As variáveis e os indicadores ali formulados estão longe de esgotar o tema em foco, podendo ser desdobrados em muitos outros elementos e outras situações apontadas como relevantes pelos atores avaliados, ou seja, têm apenas o objetivo de exemplificação e são apresentados seguidamente, de acordo com os níveis apontados na Figura 2. Para a melhor compreensão, cada item recebe um número de seqüência, que vai do conceito ou da dimensão (primeira numeração) até o indicador (última numeração). Os quadros são os seguintes:

QUADRO 1
Nível - Organização

Dimensão	Variável	Indicador
1. Contexto	1.1 Legislação referente à compra de equipamentos; 1.2 Legislação sobre biossegurança; 1.3 Criação de novos fundos para fomento; 1.4 Demandas de grupos empresariais para a geração de novos produtos e processos;	1.1.1 Data de criação da última lei referente à compra de equipamentos no País; 1.2.1 Tipos de pesquisa envolvidos pela legislação de biossegurança; 1.2.2 Itens relacionados ao tema da biossegurança, na legislação federal; 1.3.1 Montante dos novos fundos para fomento, segundo áreas específicas, no período X; 1.4.1 Principais demandas de empresários para a geração de novos produtos e processos, segundo a freqüência das indicações, no período X;
2. Insumos	2.1 Perfil dos recursos humanos da organização; 2.2 Disponibilidade de capital de risco para investimento em novos empreendimentos; 2.3 Equipamentos utilizados em atividades de pesquisa;	2.1.1 Titulação e escolaridade dos recursos humanos da organização; 2.1.2 Quantitativos referentes ao pessoal empregado na organização, segundo idade, sexo e origem socioeconômica;

QUADRO 1
Nível - Organização

continuação

Dimensão	Variável	Indicador
	2.4 Infra-estrutura dos laboratórios;	2.2.1 Montante dos recursos provenientes de capital de risco; 2.2.2 Principais áreas de interesse do capital de risco; 2.3.1 Descrição e respectivos quantitativos dos equipamentos utilizados em pesquisa; 2.3.2 Grau de obsolescência dos equipamentos utilizados em pesquisa; 2.3.3 Custo dos equipamentos empregados em atividade de pesquisa;
3. Processos	3.1 Atuação das lideranças; 3.2 Comunicação interna; 3.3 Tomada de decisão; 3.4 Alocação de recursos; 3.5 Formulação de projetos institucionais; 3.7 *Marketing*; 3.8 Relações interinstitucionais e parcerias com outras organizações;	3.1.1 Principais estilos de liderança da organização; 3.1.2 Relação entre os estilos de liderança e a capacidade inovativa da organização; 3.2.1 Principais bloqueios de comunicação entre os diferentes grupos e hierarquias presentes na organização; 3.3.1 Tempo médio para tomada de decisões na organização, segundo o objeto da decisão; 3.3.2 Principais conflitos envolvidos nas decisões; 3.3.3 Níveis hierárquicos críticos no processo decisório; 3.8.1 Grau de satisfação dos diferentes parceiros, com relação às atividades conjuntas; 3.8.2 Quadro comparativo entre ações conjuntas e ações isoladas, segundo número e qualidade dos resultados; 3.8.3 Grau de conectividade;

QUADRO 1
Nível - Organização

continuação

Dimensão	Variável	Indicador
4. Produtos	4.1 Patenteamento de produtos e processos; 4.2 Formação de recursos humanos; 4.3 Publicações científicas; 4.4 Serviços prestados a populações locais.	4.1.1 N.º de patentes registradas no período X, no local Y; 4.1.2 Rendimento auferido com todas as patentes registradas no período X; 4.1.3 Relação entre o Nº de patentes e o Nº de pesquisadores da organização; 4.2.1 Número de pessoal formado no tempo X; 4.2.2 Percentagem do pessoal formado, empregado em diferentes áreas; 4.4.1 Grau de satisfação da população assistida; 4.4.2 Quantitativos da população atendida pelos serviços, segundo origem socioeconômica e renda; 4.4.3 Índice de redução ou de elevação do problema, objeto do serviço.

QUADRO 2
Nível - Projeto

Dimensão	Variável	Indicador
1. Contexto	1.1 Prioridades da Organização ou do sistema de inovação; 1.2 Demandas e interesses dos públicos atingidos pelos resultados do projeto; 1.3 Instrumentos normativos para a execução do projeto;	1.1.1 Freqüência de cada prioridade de pesquisa da Organização; 1.2.1 Indicação das principais demandas em biotecnologia, entre diferentes grupos de empresários; 1.2.2 Recursos disponibilizados por empresas do setor produtivo, para a solução de problemas tecnológicos em biotecnologia;

QUADRO 2
Nível - PROJETO

continuação

Dimensão	Variável	Indicador
2. Insumos	2.1 Recursos financeiros alocados no Projeto; 2.2 Materiais e equipamentos envolvidos; 2.3 Bibliografia utilizada;	2.1.1 Montante de recursos financeiros alocados no projeto, no período X, segundo as diferentes fontes; 2.1.2 Razão entre o montante investido no projeto e o potencial de retorno financeiro a ser obtido com a venda de produtos e processos gerados pelo projeto; 2.2.1 Custo total dos equipamentos; 2.2.2 Indicação de cada equipamento utilizado no projeto e o tempo médio de uso, em cada fase de execução da pesquisa;
3. Processos	3.1 Principais métodos usados nas investigações; 3.2 Papel dos diferentes atores envolvidos; 3.3 Gestão administrativa; 3.4 Articulação pesquisa básica com pesquisa aplicada; 3.5 Realização de simpósios	3.1.1 Indicação das principais etapas desenvolvidas no método utilizado no projeto; 3.1.2 e 3.2.1 Indicação do tempo gasto com a execução de cada etapa e a relação com o perfil do pessoal a ser empregado nessas etapas; 3.3.1 Fluxo de rotinas e procedimentos; 3.3.2 Principais bloqueios nos trâmites burocráticos; 3.3.3 Freqüência de reuniões colegiadas; 3.3.4 Grau de centralização administrativa; 3.4.1 Quantidade de produtos potencialmente obtidos com a pesquisa básica; 3.4.2 Identificação de grupos do setor produtivo interessados no desenvolvimento da pesquisa, e em seus desdobramentos futuros;

QUADRO 2
Nível - Projeto

continuação

Dimensão	Variável	Indicador
4. Produtos	4.1 Publicações; 4.2 Obtenção de novas tecnologias;. 4.3 Realização de novos contratos e parcerias.	4.1.1 Número de artigos publicados em periódicos nacionais e internacionais indexados; 4.1.2 Índice de impacto de determinada publicação; 4.2.1 Renda obtida com a adoção da nova tecnologia; 4.2.2 Público beneficiado com a nova tecnologia; 4.2.3 Índice de eficiência no

QUADRO 3
Nível - Programa

Dimensão	Variável	Indicador
1. Contexto	1.1 Pressões da sociedade para a solução de determinado problema técnico; 1.2 Nova política do Governo Estadual voltada ao setor X; 1.3 Criação de novos fundos provenientes do Governo Federal;	1.1.1 Interesses manifestos de setores da sociedade, publicados em jornais e revistas nacionais no período X, no sentido da solução de problema de natureza econômica ou social; 1.1.1 Reivindicações de grupos sociais, no sentido de solucionar temas relevantes, identificados junto a parlamentares;
2. Insumos	2.1 Laboratórios que participam do programa; 2.2 Acervo bibliográfico; 2.3 Sistemas de informações gerenciais; 2.4 Pessoal técnico envolvido; 2.5 Disponibilidade orçamentária;	2.1.1 Quantidade de laboratórios envolvidos e quantidade de equipamentos pertencentes a cada um destes laboratórios; 2.2.1 Grau de acesso aos sistemas de informações gerenciais; 2.2.2 Principais obstáculos no intercâmbio de informações entre diferentes subsistemas;

QUADRO 3
Nível - Programa

continuação

Dimensão	Variável	Indicador
3. Processos	3.1 Interação Universidade-empresa; 3.2 Funcionamento das redes de interação entre o setor público e o privado; 3.3 Sistemática de divulgação dos resultados; 3.4 Sistemáticas de acompanhamento da execução do Programa; 3.5 Mecanismos de correção de rumos;	3.1.1 Grau de satisfação dos principais atores envolvidos na interação; 3.1.2 Nível de extensão do "efeito de encadeamento" da interação; 3.1.3 Montante de recursos envolvido na relação; 3.2.1 Principais obstáculos relacionados ao bom funcionamento das redes, segundo a percepção dos atores mais relevantes; 3.2.2 Velocidade no fluxo e na circulação de informações e recursos, entre os diferentes segmentos e organizações; 3.3.1 Principais veículos de comunicação utilizados; 3.3.2 Principais estratégias utilizadas; 3.3.3 Extensão do público atingido;
4. Produtos	4.1 Lançamento de novas variedades de plantas; 4.2 Adoção de novas tecnologias, por grupos da sociedade; 4.3 Levantamento de novas necessidades de pesquisa.	4.1.1 Potencial da área agrícola a ser beneficiada; 4.1.2 e 4.2.1. Potencial da renda auferida com a introdução da nova variedade; 4.1.3 e 4.2.1 Grau de reação negativa à introdução da nova variedade, segundo diferentes grupos da sociedade.

QUADRO 4
Nível - Sistema Local de Inovação

Dimensão	Variável	Indicador
1. Contexto	1.1 Privatizações de empresas governamentais ligadas ao setor tecnológico X; 1.2 Lançamento de Editais do Governo para ações articuladas com o âmbito Municipal; 1.3 Campanha de mobilização da sociedade para a superação de problemas sociais; 1.4 Demandas de grupos econômicos nacionais;	1.1.1 Volume de recursos gerados com a venda de estatais; 1.1.2 Percentagem de recursos externos obtidos; 1.2.1 Número de editais e indicações das principais áreas e prioridades de ações de pesquisa e de inovação; 1.1.1 Montante de capital de risco disponível para investimentos em empresas de base tecnológica no País; 1.1.2 Principais áreas de interesse do capital de risco;
2. Insumos	2.1 Disponibilidade de técnicos do Governo Federal para atuar em ações determinadas; 2.2 Sistemas de redes de computadores, disponíveis a todas as organizações envolvidas; 2.3 Acesso a informações governamentais; 2.4 Meios de transporte;	2.1.1 Tempo médio de atuação dos técnicos governamentais em ações específicas, em diferentes programas; 2.2.1 Número de computadores e especificação deles, segundo a atividade principal; 2.2.2 e 2.3.1 Grau de acesso aos diferentes sistemas de informação, segundo o tipo de ator;
3. Processos	3.1 Reuniões técnicas de definição de prioridades; 3.2 Construção de cenários futuros; 3.3 Elaboração do planejamento estratégico do ambiente de inovação; 3.4 Sistemáticas de comunicação; 3.5 Inovação; 3.6 Avaliação e correção de rumos;	3.1.1 Freqüência de reuniões; 3.1.2 Público envolvido; 3.1.3 Grau de eficácia das reuniões; 3.1.4 Grau de conflito interno; 3.2.1 Indicadores de conjuntura econômica; 3.2.2 Depoimentos de especialistas a respeito das tendências futuras mais importantes na região; 3.3.1 Identificação dos pontos fortes e fracos do sistema local de inovação;

QUADRO 4

Nível - Sistema Local de Inovação

continuação

Dimensão	Variável	Indicador
		3.3.2 Identificação de ameaças e oportunidades no horizonte X; 3.4.1 Identificação dos principais veículos e instrumentos de comunicação utilizados no ambiente de inovação da região X; 3.4.2 Identificação dos principais bloqueios de comunicação entre diferentes atores componentes do sistema local de inovação; 3.5.1 Identificação dos nichos organizacionais e ambientes com maior potencial de inovação; 3.5.2 Descrição de processos inovativos em organizações públicas; 3.5.3 Grau de correlação entre a interação Universidade-empresa e a capacidade inovativa, comparativamente a situações distintas de interação e não-interação Universidade-empresa;
4. Produtos	4.1 População atingida pelas inovações; 4.2 Mudanças econômicas locais; 4.3 Melhoria do nível e qualidade de emprego na região; 4.4 Melhoria da renda dos municípios envolvidos.	4.1.1 Número de pessoas atingidas pelos vários produtos e processos inovativos; 4.1.2 Localização geográfica dos principais grupos beneficiários; 4.2.1 Indicadores de renda, nível de consumo e lazer, em termos de indivíduos e de grupos populacionais; 4.3.1 Índice de desemprego; 4.3.2 Grau de satisfação dos trabalhadores na região, quanto ao ambiente de trabalho e à atividade profissional.

QUADRO 5
Nível - Sistema Nacional de Inovação

Dimensão	Variável	Indicador
1. Contexto	1.1 Novos conflitos surgidos no plano internacional; 1.2 Criação de programas de intercâmbio técnico-científico entre determinados países; 1.3 Acordos e convênios internacionais; 1.4 Surgimento de novas oportunidades de negócio no comércio internacional;	1.1.1 Definição precisa dos principais conflitos existentes na conjuntura internacional e as possíveis interferências deles no contexto nacional; 1.2.1 e 1.3.1 Identificação dos termos mais relevantes do acordo e das principais áreas e grupos envolvidos; 1.2.2 e 1.3.2 Expectativas de desenvolvimento apontadas nos programas de desenvolvimento; 1.3.3 Caracterização dos grupos internacionais mais relevantes, relacionados no acordo, e sua inserção na realidade nacional;
2. Insumos	2.1 Recursos provenientes de agências de fomento internacionais; 2.2 Utilização de satélite para sistemas de comunicação; 2.3 Organizações envolvidas na execução de diferentes programas federais; 2.4 Base técnico-científica nacional; 2.5 Sistemas de telefonia e de comunicação em redes; 2.6 Recursos provenientes do setor privado; 2.7 Gastos do Governo Federal;	2.1.1 Evolução dos recursos internacionais que farão parte do sistema nacional de inovação, ao longo de determinado período; 2.1.2 Principais áreas atendidas com tais recursos; 2.2.1 Indicação de áreas e ambientes de pesquisa mais beneficiados com a utilização de satélites para comunicações; 2.2.2 Identificação de áreas potenciais para utilização futura de satélite e em que intensidade de uso; 2.4.1 Dados gerais para a caracterização da base técnico-científica nacional, tais como: perfil dos recursos humanos - técnicos, pesquisadores, engenheiros -, áreas proeminentes, em termos de publicação, e evolução do pessoal formado nas instituições de ensino superior;

QUADRO 5
Nível - Sistema Nacional de Inovação

continuação

Dimensão	Variável	Indicador
3. Processos	3.1 Formulação de políticas públicas para diferentes setores; 3.2 Criação de programas de interação entre Universidades e escolas de ensino básico e fundamental; 3.3 Atuação da grande mídia na divulgação científica e na atualização da população; 3.4 Identificação de prioridades nacionais de ciência, tecnologia e inovação; 3.5 Desenvolvimento de ações conjuntas entre o setor produtivo e as instituições de pesquisa; 3.6 Fiscalização das ações governamentais; 3.7 Captação de recursos externos;	3.1.1 Principais mecanismos de identificação de necessidades científicas, tecnológicas e de inovação; 3.1.2 Principais conflitos relacionados à formulação de políticas públicas para a área; 3.1.3 Grau de participação de diferentes atores componentes do sistema nacional de inovação; 3.2.1 Identificação das principais metas de tais programas; 3.2.2 Identificação das estratégias mais importantes de implementação da interação Universidade-empresa; 3.5.1 Mecanismos inovadores de articulação entre empresas e instituições de pesquisa; 3.5.2 Ações implementadoras de avaliação de programas conjuntos; 3.5.3 e 3.2.3 Atitudes e comportamentos de pesquisadores, relativamente à interação Universidade-empresa 3.7.1 Principais sistemáticas de captação de recursos, utilizadas pelas Universidades Públicas e por outras organizações da sociedade, dirigidas aos processos inovativos;
4. Produtos	4.1 Melhoria da qualidade de vida da população do País; 4.2 Formação de recursos humanos para o setor produtivo; 4.3 Criação de novas oportunidades de serviço;	4.1.1 Indicadores de renda, consumo, acesso à saúde, moradia, trabalho, longevidade; 4.2.1 Número de profissionais formados para atuação em áreas específicas do setor industrial, no período X;

QUADRO 5

Nível - Sistema Nacional de Inovação

continuação

Dimensão	Variável	Indicador
	4.3 Elevação do nível de escolaridade nacional; 4.4 Melhoria do desempenho das indústrias.	4.2.2 Principais áreas envolvidas nos programas de formação de recursos humanos; 4.2.3 Atitudes e comportamentos dos profissionais egressos dos cursos e programas de formação e aperfeiçoamento técnico; 4.3.1 Indicação das áreas e dos serviços criados, recentemente, no período X; 4.3.2 Quantitativos de pessoal treinado absorvido pela indústria e relação entre isto e o desempenho industrial, no período X; 4.4.1 Indicadores da evolução industrial, do PIB, das exportações e importações, e a relação entre estes números e a evolução técnico-científica.

Enfim, diante do exposto sobre o CIPP, ressalta-se: a sua abordagem sistêmica – favorecendo a visão de conjunto da prática científico-tecnológica considerada –, a sua dimensão participativa e o seu grande potencial explicativo e analítico para tratar grandes conjuntos de dados e informações. Estes são aspectos considerados fundamentais para a avaliação em áreas de ponta do conhecimento, a exemplo da biotecnologia.

Não obstante, não se trata, como qualquer outro modelo, de panacéia. De um lado, o seu uso é bem específico e precisa de ser contextualizado. Por outro lado, ainda permanecem algumas importantes limitações para abordar a complexidade da prática biotecnológica, notadamente suas características de redes.

O que se quer dizer é que, se, de um lado, a visão sistêmica e as várias conexões estabelecidas entre diferentes dimensões da realidade avaliada fortalecem o argumento da utilização de modelos como o CIPP, de outro lado, esta mesma visão pode não dar conta de tratar de aspectos cruciais – relacionados à NATUREZA das redes sociotécnicas –, para os quais requerem-se categorias analíticas próprias e perspectiva teórico-metodológica distinta do enfoque sistêmico.

A esse respeito, um dos fatores limitantes na abordagem sistêmica, em que pesem suas grandes possibilidades heurísticas, como se procurou mostrar anteriormente, e, mesmo, sua utilidade no tratamento do objeto em questão, é a ênfase que tal abordagem dá ao próprio sistema, ou seja, ao seu nível de funcionamento e articulação INTERNA, enfim, às suas FRONTEIRAS.

Mesmo se for levado em conta, nas possíveis argumentações contrárias, que também faz parte do enfoque sistêmico a preocupação com o ambiente externo e com todo o processo de retroalimentação daí proveniente, pode-se ainda contestar que o citado enfoque é nada, sem a referência à figura de "sistema".

Ocorre que, como foi visto no Capítulo 2 e no 3, a prática biotecnologia é, essencialmente, fenômeno de redes, constituído de complexas relações entre diferentes atores e organizações, que trocam recursos, informações e expectativas de toda ordem, mediante imbricadas formas e múltiplos espaços de realização, nos quais as próprias "fronteiras" organizacionais são nada mais que meros recortes formais, em inúmeras situações.

Trata-se de empresas que se fundem, laboratórios que se interpenetram, parcerias segundo as formas as mais diversas, constituindo realidades difíceis de serem "identificadas", dentro de perspectiva tradicional, que tende a consagrar a organização e o seu "interior", o sistema e o ambiente, e assim por diante.

As próprias dicotomias interno–externo, técnico–social, refletem esse paradigma sistêmico, levando a muitas dificuldades no exame de situações concretas da prática biotecnológica, para ficarmos apenas na situação abordada por este trabalho. Assim, o que é interno e o que é externo em uma atividade de produção biotecnológica determinada? Os internos são atores? E, neste caso, quais os externos? Nesse sentido, considerar interno o PROJETO, do qual fazem parte os diversos atores nele envolvidos, pode ser mais uma tentativa de forçar a adaptação da realidade ao modelo, uma vez que, nessa perspectiva, os próprios limites de ação do projeto (suas fronteiras) não são inteiramente claros, são, aliás, muito confusos, se imaginarmos, por exemplo, os seus inúmeros "efeitos de encadeamento", desdobramentos e resultados inteiramente não-controlados, apropriados por "estranhas" e desconhecidas realidades.

Essas considerações não são apenas meras digressões sobre o tema, mas têm conseqüências práticas importantes, que não podem ser minimizadas em abordagens de avaliação, voltadas a "medir" fenômenos que não se ajustam às lentes mais convencionais de tratamento da realidade.

Em suma, o argumento que se coloca é que, mesmo considerando as vantagens de abordagens sistêmicas, de seus enfoques integrados, a exemplo do CIPP, tais abordagens ainda são muito limitadas para se tratar de realidades inéditas, trazidas pelo desenvolvimento científico-tecnológico contemporâneo, como é o caso da prática biotecnológica, demandando esforço conceitual e metodológico próprio, capaz de mais bem se aproximar do fenômeno em foco.

É isto que se tentará fazer na próxima e última seção do trabalho, considerando-se a imensa complexidade do assunto e o caráter eminentemente preliminar das discussões que se pretende realizar.

A idade do bronze e a idade do ferro

A abordagem de redes para a avaliação da prática biotecnológica

À IDADE DE PRATA sucedeu a IDADE DE BRONZE, mais agitada e sob ameaça permanente das armas. Contudo, esta não foi época de toda má. A pior foi a IDADE DO FERRO. O crime tomou conta da face da Terra, e desapareceram as virtudes, como a modéstia, a verdade e a honra, passando a imperar a fraude e a astúcia, a violência e a cobiça interminável. A terra passara a ser dividida, deixando para trás o cultivo em comum. Os homens passaram ainda a escavar a superfície da terra, procurando minérios e metais, para forjar novas armas, estender seus impérios e ampliar suas riquezas. Veio, então o ferro e o ouro, trazendo ao mundo mais guerras e escravidão.

O avanço exponencial seguido pelas novas biotecnologias, nos últimos anos, traz a marca da intensificação das disputas pela hegemonia científica e tecnológica e pela conquista de novos Mercados, envolvendo a ampliação do domínio de muitas sociedades e dos seus recursos naturais.

As armas não são mais, se o foram em alguma circunstância, apenas, objetos e instrumentos bélicos e explosivos. São conhecimentos, informações e conquistas tecnológicas sobre os princípios da vida e da reprodução. A guerra bacteriológica é expressão concreta desse fato, mas também o são as guerras comerciais em torno das patentes de medicamentos e a produção em massa de drogas, alimentando o tráfico de armas e a violência em centros urbanos.

A IDADE DO FERRO, aqui metaforicamente citada, significa, neste caso, a intensificação extrema das disputas envolvendo as novas biotecnologias. Mas, igualmente, envolve toda a controvérsia, que é crescente, abrangendo a temática da avaliação de ciência, tecnologia e inovação.

Como se procurou abordar no início deste capítulo, NÃO EXISTE ABORDAGEM NEUTRA DE AVALIAÇÃO, do mesmo modo que "nenhum juiz é bom juiz se é, igualmente, parte interessada". Nesse sentido, as controvérsias em torno da avaliação refletem pesadas disputas, que se dão no plano da produção biotecnológica, sejam estas econômicas, políticas e ideológicas, em seu sentido mais amplo.

Em suma, pensar em novas perspectivas para a avaliação de programas estratégicos em ciência, tecnologia e inovação, como aqueles voltados às novas biotecnologias, é, também, discutir toda a dimensão de confronto entre os vários enfoques, especialmente com a perspectiva hegemônica – a abordagem tradicional. Assim, não se reduz a mero exercício intelectual ou acadêmico, mas requer apontar fragilidades e limitações destes enfoques e propor novos conceitos, que se revelem mais úteis e pertinentes ao exame das novas realidades.

Assim, nesta parte do trabalho, pretende-se desenvolver discussão conceitual sobre o fenômeno das "redes sociotécnicas" Latour (2000) –, a fim de poder aplicá-la na problemática da avaliação da prática biotecnológica.

O tema das redes tem ocupado a atenção de muitos estudos, recentemente (Callon, 1989; Callon & Latour, 1991; Latour, 1983; Latour, 1990; Latour, 2000; Latour & Woolgar, 1997; Knorr-Cetina, 1981; Knorr-Cetina, 1982; e Castells, 1999), segundo interesses e formulações bastante distintos, seja enfocando a atividade científico-tecnológica contemporânea – a tecnociência –, utilizando as noções de "laboratório expandido" (Callon), "redes de atores" (Latour) e "arenas transepistêmicas" (Knorr-Cetina), seja abordando as transformações mais amplas na sociedade, mediante conceitos como "informacionalismo", "espaços de fluxos" e "tempo intemporal" (Castells). Trata-se de trabalhos muito importantes e que servem de balizamento e ponto de partida para qualquer tentativa de se avançar no tema das redes.

Contudo, talvez por vivermos ainda uma "terra incógnita", nessa quadra de nossa história, para usar a expressão de Peter Drucker (1989), pouco sabemos, ainda, sobre a natureza das redes, suas características básicas, formas de existência e seu funcionamento. Porém, o desafio colocado a esta pesquisa – levantar elementos para a formulação de abordagem de avaliação adequada para a Biotecnologia – impôs a necessidade de especular sobre categorias analíticas que pudessem dar conta do fenômeno complexo da prática biotecnológica.

Assim, por onde começar esse esforço de mapeamento e compreensão das peculiaridades das redes sociotécnicas? Como partir para a delimitação desse fenômeno, dentro de quadro conceitual que seja útil para aplicação no exame de situações concretas?

Inicialmente, redes sociotécnicas é expressão utilizada para designar complexas relações estabelecidas entre atores humanos e não-humanos – elétrons, bactérias, indivíduos, grupos sociais, empresas, e assim por diante – que cumprem determinado propósito na realidade social e física; compreendem ligações e interações de diversas formas e conteúdos, voltados a determinados objetivos.

Tais objetivos podem ser de um único tipo, como a produção de um automóvel, por exemplo, ou múltiplos, como em uma organização universitária – envolvida com a formação de recursos humanos, a transferência de conhecimentos (extensão), a pesquisa e a realização de inúmeros outros serviços.

Contudo, redes sociotécnicas não se limitam apenas a um único organismo ou a uma instituição – empresa, associação ou Universidade –, mas os ultrapassam, perpassando inúmeros ambientes, instituições, lugares geográficos e mesmo países, envolvendo atores e processos os mais diferentes. Por exemplo, as redes de narcotráfico atuam em diversos países, desenvolvem atividades muito distintas – incluindo plantas, agricultores, componentes químicos obtidos em laboratórios, consumidores, políticos, industriais e assim por diante –, segundo várias ações e estratégias.

Ao se dizer que as redes sociotécnicas compreendem elementos HUMANOS e NÃO-HUMANOS, pretende-se evitar o que se poderia chamar a reificação dos aspectos "sociais", ou dos argumentos sociológicos reducionistas, para os quais tudo pode ser EXPLICADO a partir da compreensão do funcionamento do "mundo social" e de suas influências, contradições, interesses e tensões internas, incluindo a dimensão TÉCNICA e física. Ao contrário, quer-se ressaltar complexidade e irredutibilidade do mundo físico e dos elementos não-humanos, relativamente à vontade humana, à sociedade e aos quadros teórico-explicativos, para não se cair em visões unilaterais e muito superficiais a respeito da realidade.

Por outro lado, o componente técnico e o lado físico da realidade também não podem ser tornados absolutos ou superestimados, em detrimento da esfera do social.

Enfim, é isto que se tem considerado, neste trabalho, com a noção de prática biotecnológica, ou seja, a noção de redes sociotécnicas, tal qual aqui apresentada, permite ampliar as possibilidades de abordagem de fenômenos complexos como os relacionados à prática biotecnológica, condicionados por múltiplos fatores e dimensões da realidade.

Assim, por exemplo, compreender a COMUNICAÇÃO nas organizações e nas modernas redes não se restringe a olhar o relacionamento humano ou os veículos pelos quais tais relações se estabelecem. Ao contrário, requer examinar, também, toda a gama de aspectos que a constitui, sejam estes fatores humanos, sociais ou não, incluindo os animais, as bactérias os microorganismos não visíveis a olho nu, equipamentos e todo um conjunto de recursos e objetos materiais e simbólicos. O que a define é a existência de TROCAS, de intercâmbios permanentes, entre esses vários elementos.

Olhar apenas os aspectos humanos significa subestimar resistências físicas, bloqueios naturais, capacidades orgânicas para processar novas informações e distúrbios decorrentes da utilização intensa de fluxos de informações em meios físicos de transmissão de dados e entre indivíduos e unidades organizacionais determinadas.

Na ciência e na tecnologia, as redes de comunicação configuram extensos e amplos canais de trocas de informações, resultados de trabalho, debates e atualização de publicações. Os grupos de pesquisa são formados e encerrados na velocidade dos projetos, na dinâmica de intensas articulações entre segmentos bastante distintos, incluindo cientistas e não-cientistas, sacerdotes, políticos e industriais.

Em suma, ter idéia do alcance e dos vários aspectos envolvidos em cada rede de comunicações e interações é fundamental para a identificação de problemas e oportunidades no cotidiano das atividades científico-tecnológicas e inovativas. Saber lidar com essas várias teias de relações e aspectos não é tarefa fácil, tampouco deve ser da responsabilidade de um único indivíduo, mas requer olhar abrangente e enfoque de múltiplas formações profissionais.

Na prática biotecnológica, podem ser identificadas várias redes sociotécnicas, segundo os seus objetivos precípuos. Por exemplo, as próprias redes que são assim designadas, formalmente – da "*Xylella*", do "Projeto Genoma Humano", da "*Chromobacterium Violaceum*" –, e que têm em sua constituição e definição formal a explicitação clara de seus objetivos, bem como as redes que se estabelecem, concretamente, na realidade, independentemente de acordos formais para sua existência, mas que são visíveis a partir de todo um conjunto de ações cooperativas e trocas envolvendo vários atores.

Nessa última situação, os objetivos buscados na rede nem sempre são os mesmos para cada ator, embora se possam identificar, também, objetivos precípuos, relações de poder e hegemonias. São inúmeros os exemplos de redes de parcerias envolvendo Universidades, empresas, órgãos do Governo, laboratórios de outros países, indústrias fornecedoras de insumos para a pesquisa e várias outras interações. Em tais exemplos, o que caracteriza e distingue uma rede de outra são os objetivos principais identificados e perseguidos por determinados atores, que exercem o comando e que apontam a direção em torno da qual as ações dos diferentes atores devem-se orientar. Em termos empíricos, os aspectos definidores e diferenciadores de cada rede são os seus objetivos precípuos e os atores que os comandam.

Assim, têm-se as redes de produção de soja transgênica, por parte de determinado grupo multinacional, de tratamento de esgoto da Baía de Guanabara, do seqüenciamento de determinada proteína, de obtenção de álcool a partir da cana-de-açúcar, de pesquisa sobre a malária e de clonagem de animais. Em cada um desses exemplos, verificam-se múltiplas relações, organizações, formações profissionais e elementos físicos e não-humanos, com objetivos centrais e grupos hegemônicos. Estas são as condições, grosso modo, para a definição e identificação de diferentes redes sociotécnicas.

Entretanto, tais elementos conceituais são insuficientes para compreender a natureza e a atuação das redes; fazem-se misteres outros conceitos e categorias de análise a respeito do fenômeno. Para proceder a essa empreitada, pretende-se apoiar, em linhas gerais, no arcabouço de teorias organizacionais (Hall, 1984; Etzioni, 1989; e Perrow, 1985, por exemplo), notadamente nas conceituações clássicas envolvendo a ESTRUTURA e os processos ou a DINÂMICA organizacionais.

Tomando-se então por base essa mesma diferenciação, as redes sociotécnicas pressupõem, igualmente, ESTRUTURA e DINÂMICA de funcionamento. Antes, porém, de avançar no detalhamento desses aspectos teóricos, tenciona-se fazer rápida apresentação de algumas noções preliminares para a compreensão do fenômeno das redes sociotécnicas, conforme se está propondo, aqui.

Isto posto, os elementos BÁSICOS constitutivos das redes são OS ATORES e as TROCAS estabelecidas entre eles, ante os objetivos pretendidos. Também são elementos componentes das redes os "nós", as "ligações" ou relações e as "malhas".

Os ATORES, conforme se tem destacado, podem ser indivíduos, grupos de indivíduos, organizações, associações, países, ou mesmo elementos não-humanos, como bactérias, elétrons e todos os animais.

As TROCAS, por sua vez, podem envolver formas e conteúdos os mais diversos, desde trocas de bens materiais, equipamentos e recursos financeiros, até trocas de sentimentos, confiança, lealdade e afeto, por meio de gestos, contatos diretos e outros sinais. São, assim, constituídas por objetos físicos e materiais ou simbólicos e abstratos.

Os "NÓS" designam agregados de atores, uma aglutinação de interesses, indivíduos, grupos ou organizações, em dado espaço e tempo. Em geral, um nó concentra os atores em espaços físicos e geográficos próximos, mas isso não é condição necessária. O que o caracteriza é a idéia de AGLUTINAÇÃO de interesses e de objetivos, bem como de um conjunto DENSO de trocas entre os atores, na rede.

Os nós estão dispostos, ao longo das redes, segundo tamanhos e hierarquias internas e externas. O tamanho relaciona-se à quantidade de atores e interesses aglutinados em determinados espaços da rede; a hierarquia interna diz respeito ao modo como se estruturam relações de poder dentro do próprio nó, ou seja, entre os atores que dele fazem parte. Já a hierarquia externa pressupõe diferenciação de poder ao longo da rede, segundo a qual determinados nós dominam outros, na dinâmica das redes. Os nós dominantes são designados CENTROS ou "nós centrais". Dependendo do funcionamento e das características de uma rede, pode haver vários centros, os quais, por sua vez, relacionam-se entre si segundo outras hierarquias, havendo, neste caso, um centro hegemônico, aqui chamado de COMANDO ou "nó central". A idéia, enfim, é ressaltar que as redes sociotécnicas não se constituem em realidades homogêneas e uniformes, mas, ao contrário, em vastos campos de poder e de relações assimétricas de trocas.

O que se está chamando LIGAÇÕES são as relações estabelecidas entre os atores, durante as trocas. É isso que mantêm unidos os nós e os atores, ao longo das redes, algo que sustenta e dá sentido às próprias trocas, podendo ser de formas as mais diversas. Por exemplo, uma ligação pode ser do tipo meramente econômica, de amizade, política e acadêmica. Em cada uma delas, pressupõe-se a existência e o seguimento de expectativas recíprocas de comportamentos e de atitudes, bem como de regras bem definidas para os atores. A inexistência de tais condições inviabiliza as trocas e, no extremo, a própria manutenção da rede, ao longo do tempo.

As ligações podem ser duradouras, episódicas, circunstanciais, intensas, fracas e de várias outras possibilidades, dependendo da situação objetiva que envolve os atores e seus interesses.

Finalmente, por MALHAS entende-se um conjunto de nós e ligações pertencentes à determinada rede sociotécnica. São, assim, subconjuntos das redes, abrangendo confluência de interesses e espaço complexo de trocas entre os atores, dentro de campo específico de atuação. Tem-se, por exemplo, a malha de indústrias a montante de determinada produção biotecnológica, as quais fornecem os insumos – bens, equipamentos, e matérias-primas para a pesquisa e a obtenção de produtos e processos.

Com base nessas noções preliminares, pretende-se discutir, a seguir, a estrutura e a dinâmica das redes sociotécnicas.

Em primeiro lugar, a ESTRUTURA compreende as características básicas das redes, o que lhe é inerente, independentemente do tipo de rede que se esteja falando. É ela que condiciona, em última instância, o funcionamento e todas as ações desenvolvidas ao longo da rede, ou seja, é a responsável pela "estabilização" e existência continuada da rede.

Em termos bem esquemáticos, são cinco as características ESTRUTURAIS das redes: 1) a complexidade; 2) a centralização; 3) a coesão; 4) a normatização; e 5) os recursos e infra-estrutura.

Por COMPLEXIDADE, entende-se o grau de DIFERENCIAÇÃO dos atores, nós e ligações de determinada rede. Desse modo, as redes sociotécnicas, além de seus objetivos, podem ser distinguidas segundo a maior ou menor complexidade, conforme a variabilidade de atores, nós e de relações que eles mantém entre si.

Uma rede de produção de filmes, por exemplo, é altamente complexa e diferenciada, envolvendo gama bem diversificada de atores – da indústria de equipamentos à comercialização e a todo um conjunto de profissionais (artistas, cenógrafos, iluminadores, músicos, especialistas em "efeitos especiais", figurinistas, técnicos de som e assim por diante) –, se comparada a uma rede para produção de ensaio audiovisual, em um curso de jornalismo de uma Universidade.

Por sua vez, a CENTRALIZAÇÃO consiste em indicação do nível de concentração de poder, na rede. Esta característica estrutural pode ser evidenciada, tanto no interior de um nó, quanto em uma malha ou em toda a extensão da rede. Assim, diz-se que uma rede, uma malha ou um nó é altamente centralizado se apresentar elevado grau de concentração de poder. É o que se verifica, por exemplo, nas redes envolvendo as empresas produtoras de sementes, ou as de fármacos, com alto grau de centralização, distintamente das redes de pesquisas sobre temas urbanos, das quais fazem parte inúmeros centros e grupos de cientistas, políticos, movimentos sociais e dirigentes de órgãos públicos, com importantes parcelas de poder.

Na centralização, é também considerado o tipo de relação de poder, envolvendo o comando, os centros e os demais nós de uma rede, ou seja, se essa relação é mais verticalizada ou mais horizontalizada, se há grande ou reduzida distribuição de informações e de trocas em geral, e assim por diante.

Por seu turno, a COESÃO refere-se ao grau de intensidade com que os nós estão unidos uns aos outros, pelas ligações. Uma rede será altamente coesa se os seus nós estiverem atados entre si por fortes laços de solidariedade e de resistências a ameaças de ruptura da malha. Para a coesão concorrem tanto interesses objetivos e específicos e a necessidade de manutenção continuada no atendimento a eles – sejam estes de ordem política, econômica ou militar –, quanto outros, mais difusos, de base ideológica e ligados à socialização de valores considerados importantes para os atores.

Uma rede internacional de terrorismo, por exemplo, mantém-se altamente coesa, segundo laços ideológicos ou religiosos, calcados na crença da necessidade de seguir determinados preceitos e orientações superiores. Já uma rede de narcotráfico também é muito coesa, embora os fundamentos dessa coesão sejam os interesses econômicos e a pressão mediante o medo. Distintamente é a situação de uma rede de pesquisadores voltada para a solução de determinado problema, a qual pode ser desfeita tão logo se encerre uma etapa da pesquisa ou mesmo durante o seu andamento, dependendo de novas oportunidades ou limitações orçamentárias.

A NORMATIZAÇÃO diz respeito a todo o conjunto de normas (formais e informais) que passam a regular o funcionamento das redes e as trocas entre os atores. Trata-se de característica fundamental da estrutura das redes, sem a qual nenhuma relação ou confiança pode-se estabelecer entre os atores, comprometendo a própria coesão e as várias ações desenvolvidas por eles.

Finalmente, os RECURSOS e a INFRA-ESTRUTURA consistem em todas as condições físicas, financeiras, materiais e humanas que são empregadas nas várias transações realizadas nas redes sociotécnicas. Este componente das redes pode ser proveniente do conjunto de bens, equipamentos e pessoal disponível por parte de um ator ou um nó, ou pode vir de consórcios, em malhas de parcerias. É a base material que sustenta, em última instância, as várias ações desenvolvidas nas redes.

As características estruturais das redes interagem entre si, levando a configurações, processos e dinâmicas bem distintos, para cada situação. Assim, apresentar-se-á, na seqüência, o que se considera aspectos importantes da DINÂMICA das redes, de seu funcionamento e evolução ao longo do tempo.

O primeiro elemento a ser definido é o que se chamou, aqui, "*plug*" ou conectivo. Trata-se de categoria de mediação entre a estrutura e a dinâmica das redes. É ele o responsável pela CONEXÃO de diferentes atores em uma rede determinada. O *plug* não é parte constitutiva das redes, considerando o seu caráter móvel e transitório nelas. Ele pode ser elemento material ou não, físico ou simbólico. São exemplos de *plugs*: telefone celular, "modem" para conexão de computadores na Internet ou mesmo um ação de uma empresa negociada na bolsa de valores e um contrato de parceria entre duas instituições.

Em todos esses casos, o *plug* ou conectivo é o elemento responsável pela inserção de um ator em rede específica; por meio deste elemento, o ator passa a poder trocar informações, bens e valores entre outros atores e nós da rede. É móvel, uma vez que se pode deslocar para diferentes pontos de conexão e permitir outros tipos de troca entre os atores; é também transitório, em razão de que é utilizado para cumprir propósitos bem delimitados no tempo e no espaço, sendo retirado da rede e do fluxo de informações e benefícios que ele possibilitava.

Por outro lado, diz-se que é elemento de MEDIAÇÃO entre a estrutura e a dinâmica das redes, em virtude de que, a despeito de permitir a ação e o funcionamento – a dinâmica, enfim, na rede – , requer, também, a observância de aspectos presentes na estrutura, como, por exemplo, as próprias regras de funcionamento das redes – a normatização (a habilitação para o telefone celular, as regras de funcionamento das bolsas de valores e a legislação do país para a formalização de acordos e contratos entre instituições públicas e privadas). Sem estas condições estruturais básicas a conexão não se realiza.

Outro aspecto a observar é que o *plug* torna possíveis as conexões mesmo entre atores não-pertencentes aos nós e às relações mais estáveis da rede. Isto acentua o caráter dinâmico das redes, na medida em que tais conexões, embora possam vir a aglutinar em torno de si vários outros atores, levam ao surgimento de outros nós, que passarão a ser elementos constitutivos da nova configuração da rede. É o caso, por exemplo, de um grupo de acionistas que se reúne para controlar importantes espaços de decisão na organização que vendeu as ações.

Em suma, o *plug* pode ser definido como o instrumento, o recurso ou o conjunto de meios que possibilita a conexão de atores nas redes.

Outro elemento da dinâmica das redes é as "SINAPSES". Semelhantemente à noção ligada à passagem de impulsos no sistema nervoso, aqui, as sinapses são as responsáveis pela transmissão de informações, bens materiais e imateriais, energia e sentimentos, nas trocas realizadas pelos atores. Funcionam como processos que mantêm os fluxos permanentes de circulação e comunicação nas redes. Podem ser identificadas, por exemplo: nos mecanismos de acompanhamento e supervisão de rotinas administrativas; na alimentação contínua de corrente elétrica de um ponto a outro de um circuito; na atualização permanente de dados para processos decisórios; nas sistemáticas de divulgação de resultados de pesquisa de uma Universidade para outros setores da sociedade; ou na atuação de "sensores" dentro de instituições de pesquisa, voltados para identificar resultados de pesquisa com alto potencial econômico.

Esse aspecto é crucial na dinâmica das redes de biotecnologia, pois aponta para uma série de necessidades que precisam de ser implementadas, visando ao bom funcionamento e à maior eficácia das atividades ali realizadas. Assim, um sinal de que a dinâmica nas redes não vai bem pode ser verificado na identificação do funcionamento desses mecanismos de manutenção dos fluxos de comunicação na rede – as sinapses. Quer dizer, uma rede sociotécnica pode dispor de alto grau de complexidade, de muitos recursos e de boa infra-estrutura, de claras regras de funcionamento e grande coesão entre os atores e não funcionar adequadamente, por apresentar sérios problemas em suas sinapses.

Em resumo, as sinapses são, basicamente, mecanismos de COMUNICAÇÃO e transferência de informações e recursos ao longo da rede.

Outros dois aspectos, atinentes à dinâmica e ao funcionamento das redes é o "EFEITO DE SINERGIA" e o "EFEITO DE ENCADEAMENTO".

O primeiro consiste na CONCENTRAÇÃO de esforços de diferentes atores e nós, em direções e aspectos determinados. É, desse modo, o somatório de iniciativas, energias e habilidades de muitos atores na busca da consecução de objetivos específicos. O efeito de sinergia resulta, portanto, em aumento das capacidades em torno de alvos bem definidos. Isto se verifica, por exemplo, em ações terroristas, que, embora envolvendo diferentes "células" e unidades organizacionais, podem concentrar-se em ações bem definidas e com objetivos pontuais (atacar um prédio em grande cidade), vindo a alcançar êxito em seus propósitos. É também o exemplo de diferentes cientistas, espalhados ao longo de um território, ao concentrarem esforço na obtenção da cura de uma doença ou no mapeamento de um genoma.

Para o efeito de sinergia, é fundamental a ação COORDENADA entre as várias partes envolvidas, e, sobretudo, a ação conseqüente do comando e dos demais centros envolvidos na rede. Sem esse esforço combinado de coordenação e direcionamento, os objetivos pretendidos podem não ser atendidos. Bom exemplo dessa ação combinada pode ser o chamado "Projeto Manhattan", para o desenvolvimento da bomba atômica norte-americana.

Finalmente, o efeito de encadeamento, bastante citado na literatura que aborda o tema da inovação, consiste, aqui, na tendência oposta a do efeito de sinergia, ou seja, trata-se de todo o conjunto de repercussões e desdobramento de ações desenvolvidas pelos atores; repercussões estas em geral, não-controladas pelos próprios protagonistas.

Os efeitos de encadeamento podem ter várias dimensões – econômica, política, simbólica, científica – e atingir diferentes contextos, ou mesmo países. Eles podem ainda ser benéficos ou não, o que requer bom investimento dos atores presentes na rede, sobretudo por parte do comando, em questões relativas ao controle dos destinos das ações empreendidas.

A esse respeito, efeito de encadeamento importante, na prática biotecnológica, é visto no tocante aos transgênicos, atingindo diferentes públicos e levando a muitas controvérsias. Considerado o amplo impacto em todas as sociedades, impedindo muitas vezes novas pesquisas na área e a introdução de novos produtos e processos, em relação aos organismos geneticamente modificados, talvez fosse o caso de se questionar se o encaminhamento do assunto, originalmente, fora devidamente avaliado e se foram definidas estratégias adequadas de introdução do produto.

A julgar pelas informações obtidas ao longo desta pesquisa, pode-se dizer que a prática biotecnológica, considerado o seu caráter inovativo, sua ampla possibilidade de aplicação na sociedade e seu forte conteúdo ideológico, requer grandes investimentos e esforços no aumento das possibilidades de controle sobre os efeitos de encadeamento; permitindo a "extensividade", quando for interessante, ou avançando com mais prudência e estratégia em áreas com maior potencial de conflito e ruptura.

Enfim, tudo isso precisa de ser também considerado dentro do espaço crescentemente democrático no qual se desenvolvem as sociedades contemporâneas, sempre ávidas por informações, transparência e participação em processos decisórios. Aspectos que também precisam de ser considerados pelos centros e comandos das redes biotecnológicas.

Após todas essas considerações, de caráter teórico, convém questionar: como se pode, então, apoiar-se nessas formulações para balizar ações estratégicas de avaliação para a prática biotecnológica? Qual a utilidade dessa terminologia e desses conceitos para a formulação de proposta conseqüente de avaliação?

Certamente, a expectativa é exatamente esta, ou seja, que toda essa discussão possa vir a ser útil para tais propósitos, sem o que teria sido apenas, quiçá, mais uma aventura acadêmica.

Não obstante, como se tem procurado destacar desde o início do trabalho, trata-se esse esforço de empreendimento muito complexo, que exige discussão mais ampliada e debate aprofundado sobre o tema. A urgência do assunto é bem evidente.

De qualquer sorte, ao se pensar, especificamente, na perspectiva da avaliação em biotecnologia, o argumento que se tem insistido é que os modelos e as abordagens ora em voga não são suficientes ou adequados para se "medirem" áreas de ponta do desenvolvimento e do conhecimento.

Por outro lado, insistindo, ainda, em preocupações como as ressaltadas em outra parte deste trabalho, antes mesmo de se saber que proposta de avaliação deve ser implementada, torna-se imprescindível saber DE QUE REALIDADE ESTAMOS FALANDO.

Não obstante, o que se está propondo, aqui, não é a substituição, pura e simples de modelo ou proposta por outra, mas a utilização de uma ou outra abordagem (tradicional, comparativa, baseada em enfoque sistêmico – a exemplo do CIPP – ou apoiando-se na perspectiva das redes sociotécnicas), COMPLEMENTARMENTE, dependendo de cada necessidade, interesse ou condição objetiva.

O ponto que se tem insistido é na não-reificação de enfoque algum, em particular, o que poderia levar a dificuldades no exame mais adequado de fenômenos com alta complexidade, a exemplo da prática biotecnológica.

Assim, para este trabalho, proposta de avaliação conseqüente da prática biotecnológica deveria levar em conta, também, investigação a respeito da estrutura e da dinâmica de suas redes, o que inclui o exame da complexidade, centralização, coesão, normatização, e infra-estrutura, bem como das sinapses, efeitos de encadeamento e de sinergia e as formas de conexão e acesso às redes.

Ainda dentro do campo da especulação, caso se faça utilização desses elementos, faz-se necessário investir muitos esforços no delineamento empírico dessa abordagem, o que pressupõe muitos outros desafios, diante da complexidade do fenômeno e da velocidade das transformações a ele associado.

Um desses desafios pode ser o de desenvolver estratégias de análise e de tratamento do fenômeno, mediante o ACOMPANHAMENTO da evolução dos processos – nas sinapses e nos efeitos de encadeamento e de sinergia –, ao longo do tempo. Procedimentos estes que não se limitam a meras construções de séries temporais, de cunho estatístico, mas que vão além, incluindo a verificação direta das transformações ocorridas, seguindo as trilhas e os percursos desenvolvidos pelos atores, em malhas determinadas.

É a situação, por exemplo, que consiste em verificar onde se estão localizando os profissionais formados em determinado programa de pós-graduação, que iniciativas têm desenvolvido, qual o grau de sucesso obtido atualmente, que trabalhos vêm desenvolvendo, quais os resultados gerados, quem tem sido beneficiado por esses serviços e de que modo e como tais beneficiários têm repassado esses resultados para outros públicos, isto é, SEGUINDO o percurso e o desdobramento das ações e dos resultados, ao longo da rede. Trabalho este que também identifica, por exemplo, bloqueios de comunicação, problemas nas "sinapses" – conforme a conceituação anterior – e a maior ou menor "extensividade" desses desdobramentos de ações e efeitos. O que se está querendo dizer é que as formulações desenvolvidas nesta seção, sobre a estrutura e a dinâmica das redes sociotécnicas, podem ser úteis para apoiar esforços avaliativos em programas estratégicos de ciência, tecnologia e inovação, a exemplo da prática biotecnológica.

Desse modo, entende-se que procedimentos dessa natureza são fundamentais para a avaliação dessa prática e de outras que se constituem como fenômenos de redes. O que não exclui a abordagem e a análise quantitativa e a comparativa dos produtos obtidos por quais instituições, do número de publicações e coisas do gênero, bem como outras estratégias avaliativas.

De um lado, há a necessidade de se incorporarem perspectivas mais abrangentes e sistêmicas, a exemplo do Modelo CIPP ou daquela utilizada pela ABIPTI, o que já representa avanços; de outro lado, fazem-se necessárias iniciativas mais heterodoxas. Sem essas possibilidades, pode-se cair no equívoco de subestimar um conjunto imenso de realizações e resultados importantes da prática biotecnológica, como aqueles relacionados à formação de recursos humanos e a todo um conjunto de serviços de largo alcance social, porque não se encaixaram ou não foram visíveis pelas lentes tradicionais da avaliação.

Enfim, como dizer se a prática biotecnológica vai bem ou não, em determinada sociedade? Com que critérios faremos essa investigação? A quem interessa um tipo de critério ou outro? Quais os aspectos a considerar, na perspectiva do desenvolvimento nacional?

Na seção anterior, comentou-se que uma das primeiras coisas a fazer para a utilização adequada de modelo de avaliação é decidir o que será objeto da avaliação e qual o nível a ser enfocado. Aqui, seguindo a perspectiva das redes, as primeiras decisões dizem respeito a que tipo de redes se pretende avaliar, quais as preocupações norteadoras, que trilhas se deve percorrer e, como conseqüência dessas decisões, e só então neste momento, que indicadores deverão ser utilizados. Muitos destes podem estar presentes entre os exemplos apresentados nos cinco quadros trazidos na seção anterior. Contudo, também como ali se preconizava necessidade de maior participação dos avaliados, nesta situação, é ainda fundamental o envolvimento e a participação destes mesmos atores, na indicação de que aspectos e prioridades de avaliação devem ser considerados.

Não obstante, tudo indica que, crescentemente, deverão ter maior importância metodologias e técnicas de levantamento de dados que enfatizem as visitas *in loco*, o contato direto com a realidade, o aprendizado permanente junto aos atores e principais protagonistas da prática científico-tecnológica considerada. Tudo isto sem descurar de bons sistemas de informação, dados objetivos e eficientes sistemas de troca e acesso rápido e transparente aos resultados de novas pesquisas.

Muita coisa precisa de ser feita e ainda estamos diante de outros grandes desafios aos quais esse trabalho se curva e dentro dos quais se deve inserir quaisquer propostas avaliativas, os de se pensar que futuro se pretende construir na sociedade brasileira.

Considerações Finais
Suplício e Libertação de Prometeu

Como castigo pela ousadia e determinação, Júpiter impôs pesada pena ao Titã Prometeu, aprisionando-o ao monte Cáucaso e determinando que uma águia dilacerasse diariamente seu fígado, cuja carne sempre se renovava.

Este suplício deveria durar toda a eternidade, como sinal permanente e aviso de que os deuses não aceitariam quaisquer invasões em seus domínios. Nada poderia justificar tais ações, nem mesmo o benefício conquistado aos homens; em interpretação possível: um tipo de justiça esmagada pela força, e a consciência humana protestando contra um poder inexorável.

Em nossa reiterada alusão ao mito grego da criação, o fígado devorado representa o permanente assombro e a angústia humana diante do aparentemente inevitável curso do desenvolvimento científico-tecnológico e das novas biotecnologias.

Um tipo de justiça – as possibilidades emancipatórias, as conquistas humanas, as chances quase ilimitadas de domínio sobre a natureza e de superação de grandes problemas relacionados à vida – é, desse modo, constrangido pelo sempre presente receio com a perda de controle quanto aos rumos desses acontecimentos.

Afinal, pergunta-se, onde vai dar tudo isso? Quem nos pode responder? Como retomar o curso dos acontecimentos e deixar que a ação humana refletida – movida pela curiosidade, pelo desejo de superação e de autotranscendência, e também por princípios éticos e condutas responsáveis – possa ser, efetivamente, a condutora dos avanços no conhecimento?

Enfim, como aplacar a fúria dos deuses, tão ciosos de seus deveres e direitos, sejam estes deuses valores universais, ideais de justiça e de beleza ou de compromisso com a vida e a liberdade?

Nessa linha, o que se buscou com o mito da criação foi, fundamentalmente, ressaltar a importância dessa dimensão mais oculta, simbólica, porém muito forte e presente em toda a construção envolvendo a biotecnologia e seus principais atores, bem como o cidadão comum.

Além disso, como se procurou mostrar em várias oportunidades, esquemas muito deterministas de análise da tecnologia são insuficientes para dar conta dos aspectos que acabam por condicionar todo o curso do desenvolvimento científico-tecnológico, a saber, as questões político-ideológicas, ou os temas afetos à problemática da legitimação em torno da tecnologia.

Tratar a biotecnologia como mera técnica é reduzi-la a seus componentes estritamente racionais ou à sua dimensão propriamente cognitiva, o que, no extremo, acaba por dar a ela tratamento praticamente neutro.

Se, por um lado, em algum contexto prático, a idéia de neutralidade associada à tecnologia parece ter apelo considerável, evidenciado em uma forma tecnológica concreta – uma coisa, um produto, um conhecimento prático e assim por diante –, por outro lado, ao se abordarem as novas biotecnologias, essa aparência de neutralidade acaba por se dissolver quase que inteiramente perante o observador mais atento, ao potencializarem as possibilidades de uma racionalidade comunicativa e toda uma discussão ÉTICA em torno das conseqüências trazidas por elas, ao mesmo tempo em que acentuam racionalidade técnico-instrumental e a sua aplicação em inúmeras situações da vida social.

É o que se depreende da discussão envolvendo o controle da natalidade, as possibilidades de clonagem humana e de animais, a criação de novas variedades de plantas (os transgênicos), os impactos ambientais decorrentes de maior padronização e de redução da variabilidade genética e assim por diante.

Quer dizer, para usar expressão de Jürgen Habermas, a nova biotecnologia acaba por constituir-se, juntamente com todo o seu potencial transformador e de maior controle e dominação sobre a natureza e os indivíduos (conforme se verificou na análise sobre a aplicação da nova biotecnologia no contexto de produção agropecuária, no primeiro capítulo), também, em "nicho de descolonização" diante do "império" da racionalidade técnico-instrumental. Ao propiciar grande questionamento no interior da sociedade e entre os indivíduos, em seus contextos de interação diária, a nova biotecnologia suscita a possibilidade de ampliação da comunicabilidade e de discussão com base nos interesses práticos e nos valores em torno dos quais se deve organizar a vida em sociedade. O que atinge as inúmeras interações nos contextos diários, nas famílias, nas escolas, nos ambientes de trabalho e em tantas outras situações.

Esse "burburinho" e uma inquietação percebida no estudo – identificada nos silêncios, gestos e mesmos nas declarações dos entrevistados, conforme relatado no terceiro capítulo deste livro – são também constitutivas das tramas e das urdiduras que tecem o pano de fundo dos acontecimentos presentes na prática biotecnológica contemporânea. Esse é o lado mais obscuro nos estudos sobre o tema, e que está a merecer maior atenção por parte dos interessados em desenvolver abordagens de avaliação mais consistentes sobre o fenômeno.

Em suma, abordar a prática biotecnológica recente requer perspectiva multidimensional, de suas várias facetas e interesses envolvidos, que formam extensas redes de relações, motivações e conflitos. Nesse sentido, entende-se que o tratamento adequado do tema não se pode circunscrever, meramente, ao âmbito de "especialistas" ou dos que conduzem mais diretamente, em suas bancadas, as pesquisas biotecnológicas. Como se viu neste livro, o assunto requer muitos olhares, segundo perspectivas e formações distintas – do biólogo, do químico, do físico, mas também do economista, do sociólogo, do historiador e de tantos outros.

Como se procurou insistir ao longo do trabalho, olhar a prática biotecnológica apenas em seu lado técnico é restringi-la excessivamente; porém, incluir a dimensão econômica e a política, sem destacar, igualmente, todo o seu componente simbólico e até mítico, presente nas crenças humanas e também em muitas atividades –

sejam estas científicas, tecnológicas ou de qualquer outra ação racional voltada ao êxito –, é, do mesmo modo, uma forma de reducionismo. Esta foi uma das conclusões principais do trabalho.

Entretanto, há muitos outros aspectos a considerar.

A ousadia, matéria-prima de todo o progresso científico, tem sempre preço muito alto a pagar ao longo de toda a história humana, como fica bem sinalizado na lenda grega da criação. Mas vale à pena. A redenção final compensa o esforço e o sacrifício. O mundo, hoje, assiste, esperançoso, o que possa vir da nova onda biotecnológica; são muitos os sonhos – alguns deles apenas utopias –, sempre acalentados por muitas promessas de futuro melhor para todos.

É possível que jamais se consiga resolver os nossos males mais fundamentais, como a fome, as doenças endêmicas, a degradação ambiental e assim por diante. E a maioria desses problemas não depende apenas da vontade humana, tampouco da esfera do conhecimento. São necessários estoque de conhecimentos compatível com as demandas científicas e tecnológicas e condições políticas adequadas.

Não obstante, o desafio está posto e a inexorabilidade de determinado curso científico-tecnológico pode ser apenas mais uma idéia, sempre contraposta aos argumentos quanto às possibilidades de maior controle por parte dos grupos humanos e das sociedades; o que não significa possibilidades ilimitadas, diante de tudo o que se procurou mostrar ao longo do trabalho.

Em resumo, o livro conclui que nem a aceitação extrema de autodeterminação do desenvolvimento científico-tecnológico nem a sua abordagem oposta – a tese do voluntarismo humano – são posições aceitáveis, quando se discute e se aprofunda o entendimento a respeito do conteúdo social da ciência e da tecnologia. O futuro é sempre possibilidade aberta, mas será construído segundo condições e limites bem definidos, os quais precisam de ser muito bem conhecidos.

Outra importante conclusão que se tira deste trabalho é a de que a necessidade de se pensar abordagem de avaliação para a nova biotecnologia requer esforço considerável na construção e na elaboração de categorias analíticas novas, metodologias próprias e inéditas e quadros teóricos e interpretativos originais, a fim de dar conta das novas realidades trazidas pela recente prática biotecnológica. Realidades estas não apenas técnicas, mas sociais, de modo mais amplo.

Em outras palavras, isso significa dizer que as abordagens tradicionais de avaliação, como se procurou mostrar, sobretudo, no último capítulo, não dão conta, satisfatoriamente, de tratar o fenômeno das novas biotecnologias.

Assim, se, de um lado, a biotecnologia tradicional é disciplinar, e menos complexa do ponto de vista dos atores e interesses envolvidos, de outro lado, a nova biotecnologia é, essencialmente, multidisciplinar e transdisciplinar, altamente diversificada e diferenciada e fortemente contextualizada, quanto aos relacionamentos entre a pesquisa básica, a aplicada e o desenvolvimento tecnológico. Características, que implicam a necessidade de modelos bem distintos daqueles tradicionalmente usados para avaliar áreas mais disciplinares e menos diferenciadas, em sua prática interna, a exemplo da biotecnologia tradicional.

Em suma, há de se investir muito ainda nessa construção e a principal contribuição que se espera ter trazido, aqui, foi ressaltar a extrema complexidade do fenômeno biotecnológico recente, em toda a sua problemática econômica, política, cultural, científica e tecnológica.

No presente esforço de compreensão do tema, o trabalho procurou ampliar os canais de interlocução com o objeto em tela, o que se constata nas longas citações presentes no Capítulo 3. A intenção era, claramente, poder ecoar, na pesquisa, depoimentos, queixas, reivindicações de personagens que, embora extremamente importantes em toda a atividade biotecnológica praticada no País, nem sempre encontram o espaço e a oportunidade para fazer valer suas posições.

Talvez, estes fatos sejam reveladores de outro aspecto muito importante, que é o de se associar a nova biotecnologia, em geral, à idéia de coisa grande, poderosa, de pesados laboratórios e grupos de pesquisa, enfim, de muito dinheiro. Realmente, como se verificou no estudo, a nova biotecnologia é tudo isso, mas, e de modo não menos relevante, é também microempresa, empresa incubada, pesquisadores solitários, dirigentes burocratas de órgãos públicos e também outros, mais dinâmicos e abertos a mudanças e tantos impedimentos e facilidades que ocupam amplos interstícios por onde se desenvolve a grande onda biotecnológica. Estar atento a esses espaços micrológicos e de grande poder de reação é algo a que este trabalho pretende chamar a atenção ao se empreender a difícil aventura da compreensão da prática biotecnológica contemporânea. Aspectos estes que, pela complexidade e amplitude, não foram suficientemente aprofundados, neste trabalho, mas que merecem para futuros esforços de pesquisa sobre o assunto.

De qualquer sorte, desses interlocutores, aprendeu-se País em grandes transformações, no tocante à atividade biotecnológica, acontecendo nos meandros da sociedade, no meio de gabinetes, em laboratórios, em corredores de universidades, em salas de aula, em indústrias. Esta foi importante constatação: o imenso potencial e a força promissora da biotecnologia brasileira, ao lado de recorrentes e não menos importantes problemas, como se pôde verificar nas entrevistas.

Boa parte dos problemas apontados circunscreve-se ao que se considera visão muito crítica e até negativa, percebida na pesquisa, em relação ao Governo Federal. Isto impressiona, principalmente, quando se verifica todo um conjunto de iniciativas e políticas importantes que têm sido implementadas, recentemente, pelo Governo Federal, incluindo a criação dos fundos setoriais – com recursos vultosos para a ciência, a tecnologia e a inovação nacionais –, e, mais recentemente, com a formulação da chamada “Lei das Inovações”. Tudo isto sem desconhecer todo o investimento realizado na pesquisa biotecnológica, mediante importantes programas de fomento, a exemplo dos PADCTs e de ações por parte da FINEP, CNPq e CAPES, beneficiando amplos segmentos da comunidade científica e do meio empresarial.

Assim, por que são tão veementes as críticas e as cobranças por parte de cientistas e empresários em relação ao Governo Federal? São realmente justificáveis tais comentários? O que eles indicam, efetivamente? Todas essas questões estão a merecer maior discussão e aprofundamento, demandando novos diagnósticos sobre a área.

Entretanto, ainda que boa parte dessas críticas tenha procedência, notadamente em relação à necessidade de maior agilidade e facilidade no acesso aos recursos financeiros, na desburocratização de muitos procedimentos e na simplificação de regulamentações que venham a favorecer grupos emergentes, pequenas e microempresas, e, enfim, na garantia de continuidade de ações e de estabilidade na alocação de recursos em áreas estratégicas, verifica-se certo exagero em muitas cobranças, e, sobretudo, desconhecimento de muitas realizações governamentais, como se teve oportunidade de comentar em vários momentos do estudo.

Melhorar a circulação e o acesso a informações relevantes entre o Governo, empresários e pesquisadores é algo que parece crucial para se avançar a passos mais firmes na consolidação de nossa base técnico-científica. Os recursos humanos são de grandes potencialidades, bem como há boa capacidade física instalada para a pesquisa biotecnológica, ainda que muito concentrada em determinadas regiões e tipos de instituições; além disso, destaca-se a grande criatividade e determinação de nossos cientistas e pesquisadores, colocando o País em condição de boa visibilidade internacional, em várias áreas de atuação biotecnológica.

Porém, há muito mais a se fazer, para que tais condições favoráveis sejam mais bem implementadas e que novos e mais promissores resultados sejam alcançados. Entre estas urgências, além da ampliação e melhoria da comunicação entre tais atores e a sociedade como um todo – especialmente em temas mais polêmicos, como o dos transgênicos –, destacam-se a necessidade de novas regulamentações para a proteção de nossa biodiversidade e da propriedade intelectual; de aprimoramento dos instrumentos formais e da prática de obtenção de patentes; de facilitação na importação de insumos e equipamentos para a pesquisa; e, o que parece fundamental, de melhoria considerável nos processos decisórios e na estrutura organizacional de instituições de pesquisa, sobretudo, de universidades. Enfim, são muitos desafios, com grande componente político e repercussão em vários níveis e organizações da sociedade brasileira, a fim de incrementar a prática biotecnológica local.

Nesse contexto, é absolutamente fundamental a melhoria dos mecanismos e das sistemáticas de avaliação de programas de ciência, tecnologia e inovação, ora em curso no País, conforme se procurou acentuar, especialmente, no último capítulo do trabalho. A esse respeito, a argumentação básica é a de que se deve evitar a reificação e a utilização EXCLUSIVA de única abordagem ou único enfoque de avaliação, preferindo-se, antes, adequada COMBINAÇÃO de diferentes abordagens sobre o tema.

A esse respeito, como se disse em muitas oportunidades, a nova biotecnologia constitui-se em fenômeno de grande complexidade e heterogeneidade de formas organizacionais e interesses. Entendendo que qualquer abordagem de avaliação expressa visão particular do fenômeno, consentânea com os grupos que tendem a se beneficiar dessa abordagem, e que isso poderia levar a subestimar aspectos e interesses que não se coadunam com os de tais grupos beneficiários, omitindo-se o que pode ser parte importante não apenas para a mais adequada avaliação da prática biotecnológica, mas para a formulação de políticas públicas importantes para o setor, DEFENDE-SE, AQUI, A UTILIZAÇÃO DE DIFERENTES PERSPECTIVAS METODOLÓGICAS, QUE POSSAM SE COMPLEMENTAR EM PROGRAMA CONSISTENTE DE AVALIAÇÃO.

É o que se procurou mostrar na discussão sobre o conteúdo da área 2 da Figura 1, no último capítulo, questionando-se as diferentes visões e interesses em jogo em um processo avaliativo; em outras palavras, quer-se contestar a idéia da neutralidade de qualquer processo de avaliação, tão difundida nas abordagens mais tradicionais.

Em resumo, do ponto de vista da avaliação, tema central do estudo, fica bastante evidente a necessidade de se multiplicarem discussões e de se trabalhar na construção de abordagens menos ortodoxas. O tema não cabe em perspectivas mais convencionais, e requer boa dose de ousadia na formulação de novas propostas. Na última seção do trabalho, procurou-se levantar algumas dessas possibilidades, ao se enfocarem as redes sociotécnicas e as categorias introduzidas pelo estudo, na estrutura e na dinâmica dessas redes. Contudo, há muito mais o que fazer a esse respeito.

Enfim, faz-se mister definir prioridades e estabelecer cenários futuros para a atividade biotecnológica no País, o que requer necessário imbricamento de avaliação, planejamento e acompanhamento na condução e na coordenação da política científica e tecnológica nacional.

Entretanto, nem tudo depende do Governo Federal. Os exemplos encontrados, principalmente, no Estado de São Paulo, sinalizando claramente para a importância do financiamento e fomento estadual para a pesquisa, devem ser vistos e seguidos mais prontamente por outras regiões e estados brasileiros, sem o que o descompasso regional tornar-se-á mais agudo, mesmo que o nível Federal promova várias e necessárias ações tendendo a reverter esse quadro.

E, nesse contexto, também é muito relevante a participação do setor privado, especialmente no que concerne ao maior aporte de capital de risco, indispensável para o progresso continuado da biotecnologia. É preciso que se veja, nesse setor do desenvolvimento, campo extremamente promissor, em termos de retorno econômico, mesmo quando ele não se dá de imediato. Os números são muito favoráveis a essa afirmação, conforme se destacou no Capítulo 2 do estudo, ao se focalizar o panorama internacional de desenvolvimento da biotecnologia.

Finalmente, seja com o interesse teórico de compreensão do fenômeno das novas biotecnologias, seja com o anseio prático de buscar abordagens de avaliação conseqüentes com essa nova realidade, a fim de interferir e propor novos caminhos, correções e a melhoria da qualidade dessa área do desenvolvimento econômico e social, além do científico e tecnológico, o desafio é grande ao se debruçar sobre este assunto.

Muitos são os lados obscuros, as sutilezas, as incertezas e também o seu lado promissor e fascinante, a convidar, sempre, a novo retorno, sempre confrontando mitos a realidades.

Quem sabe assim se possa aplacar a fúria dos deuses, na lenda de um redivivo clone de Prometeu.

Bibliografia

ABRABI. "Contribuição para um tratamento da biotecnologia moderna na nova lei de propriedade industrial". Editado pela Comissão Especial de Propriedade Industrial da ABRABI e apresentada ao Congresso Nacional em agosto de 1991.

ABRABI. "Programa de Competitividade Industrial – Setor Biotecnologia". Proposta da ABRABI aprovada pela Câmara Setorial de Biotecnologia, DIC/SNI/MEFP, 1991.

ALCORTA, L., PLONSKI, G. A., RIMOLI, C. A. "The experience of technological collaborations by mercosur companies". *In*: *The United Nations University/INTECH* – Discussion paper # 9803, jan., 1998.

ALMEIDA, A. L. O. de. "Biotecnologia e agricultura: o papel do estado no momento político brasileiro". *In*: Almeida, A. L. O. de. *Biotecnologia e agricultura*: *perspectivas para o caso brasileiro*. Petrópolis: Vozes, 1984.

AMOS, J. "Brazil hails scientific first". *In*: *BBC News*, 12 de julho de 2000.

ANCIÃES, W., CASSIOLATO, J. E. *Biotecnologia*: *seus impactos no setor industrial*. Brasília: CNPq/ Coordenação Editorial, 1985.

BAHRAMI, H. "The emerging flexible organization: perspectives from Silicon Valley". *In*: *California Management Review*, vol. 34, n.º 4, 1992.

BAPTISTA, L. O. "Implicações jurídicas das biotecnologias: reflexões iniciais". *In*: MARTINE, G., CASTRO, C. de M. (org.). *Biotecnologia e sociedade*: *o caso brasileiro*. São Paulo: Almed, 1985.

BARRETO, V. "Bioética, biodireito e direitos humanos". *In*: TORRES, R. *Teoria dos direitos fundamentais*. Rio de Janeiro: Renovar, 1999.

BARROS, P. M. de. "A experiência brasileira em biotecnologia". *In*: VIÉGAS, J. A., Barros, P. M. de. *Biotecnologia e desenvolvimento nacional*. São Paulo: Governo do Estado, 1985.

BAUMGARTNER, F. M., MUNIZ, J. N. "Biotecnologia e atividades agroindustriais: a hipótese da diversificação/potencialização". *Revista Científica do Instituto de Economia Agrícola*, 38(1): 11–16, 1991.

BENNETT, D., XIA, He C. "Sino-foreign high technology Joint Ventures: some factors affecting performance". *In*: KALIL, Tarck M., BAYRAKTAR, Bulent A. (ed.). *Management of Technology* IV. Institute of Industrial Engineers, 1994.

BERMUDEZ, J. A. Z. *et al*. *O Acordo TRIPS da OMC e a Proteção Patentária no Brasil*; *mudanças recentes e implicações para a produção local e o acesso da população aos medicamentos*. Rio de Janeiro: FIOCRUZ/ENSP, 2000.

BEVAN, M. "The bugs from Brazil". *Nature*, vol. 406, p. 144, 2000.

BIAZZI, F. "O trabalho e as organizações na perspectiva Sócio-Técnica". *Revista de Administração de Empresas – FGV*. São Paulo, 34(1): 30–37, jan.–fev., 1994.

BIBBY, C. J. *et al*. "Puttin biodiversity on the map: global priorities for conservation". *In*: *ICBP/BirdLife International*, Cambridge, 1992.

BIGGART, W. A. "Transfering biotechnology". *Portfolio Internacional Economic Perspectives*, vol. 12, n.º 1, United States Information Agency, 1986.

BLAU, P., SCOTT, W. *Formal organizations*. San Francisco: Chandler Publishing, 1962.

BLUMENTHAL, G., LOUIS, K., STOFO, M. "University – industry research relations in biotecnology: implications for the university". *Science*, vol. 232, n.º 4.796, 1986.

BLUMENTHAL, G.; LOUIS, K.; e STOFO, M. "University–industry research relationships in biotechnology: implications for the university". In: Science. vol. 232, n.º 4796, 1986.

BODDÉ, T. "Biotecnology in the Third World". *Bioscience*, vol. 32, n.º 09, 1982.
BORGES ANDRADE, J. E. *et al.* "Qualidade da pesquisa e ambiente organizacional". *Revista de Administração*, 25(1): 61–69, São Paulo, 1990.
BORGES ANDRADE, J. E., HORTON, D. *Planning, monitoring and evaluations in Embrapa, Brazil.* VI Seminário de Avaliação em Ciência e Tecnologia, USP/IA–FEA, São Paulo, 1992.
BORGES-ANDRADE, J. "Avaliação somativa de sistemas instrucionais". *Tecnologia Educacional.* Rio de Janeiro, Associação Brasileira de Tecnologia Educacional, maio/jun., 1982.
BOURRICAUD, F. "Legitimacy and legitimization". *Current Sociology*, vol. 35, n.º 02, 1987.
BRASIL. Lei n.º 8.974 de 05/01/95. Normas para uso de técnicas de engenharia genética, *Diário Oficial da União*, 06/01/95, sessão 1, p. 337–339.
BRASIL. Ministério da Ciência e Tecnologia, Comissão Técnica Nacional de Biossegurança – CTNBio. Instrução Normativa 08/97. *Diário Oficial da União*, 31/07/97.
BRASIL. Normas para o Uso das Técnicas de Engenharia Genética e Liberação no Meio Ambiente de Organismos Geneticamente Modificados. Lei n.º 8.974 de 05/01/95. *Diário Oficial da União*, 06/01/95.
BUKHARIN, N. I. "Theory and pratice from the stand poit of dialectical materialism". *In*: *Science of the cross roads*. London: Frank Cass, 1971.
BULL, A. T., HOLF, G., LILLEY, M. D. *Internacional trends perspectives in biotechnology: a state of the art report.* Paris: OCDE, 1982.
BURAWOY, M. "Toward a marxist theory of the labor process; Bravermann and Beyond". *Political Sociology*, vol. 08, n. 3/4, 1978.
BURRIL, G. S., LEE, K. B., Jr. "Biotech 91: a changing environment". *In*: *Ernst & Young*. San Francisco, 1991.
BUTTEL, F., KENNEY, M., KLOPPENBURG, J. "From green revolution to biorevolution. Some observations on the changing technological bases of economic transformation in the third wold". *Economic Development and Cultural Change*, vol. 34, n.º 01, 1985.

CALLON, M. "Society in the making: the study of technology as a tool for sociological analysis". *In*: *The Social Construction of Technological System*. Massachusetts: Institute of Technology, 1987.

CALLON, M. *La science et ses reseaux*: *genese et circulations des faits scientifiques*. Paris: La Découverte, 1989.

CALLON, M., LATOUR, B. *La science telle qu'elle se fait*. Paris: La Découverte, 1991.

CAPRON, H. "Science technology policy: new trends". *In*: KALIL, Tarck M., BAYRAKTAR, Bulent A. (eds.). *Management of Technology IV*. Institute of Industrial Engineers, 1994.

CARDOSO, I. de A. "Imagens da universidade e os conflitos em torno do seu modo de ser" *Dossiê Universidade–Empresa*. São Paulo: Revista USP, n.º 25, mar./maio, 1995.

CARDOSO, R. de O. "Ciência e tecnologia e micro e pequenas empresas". *In*: *TECBAHIA*: *Ciência e Tecnologia*. Camaçari, vol.11, n.º 3, p. 83–87, set./dez., 1996.

CASSIOLATO, B., SILVEIRA, J. M. F. J. de. "Perspectivas da biotecnologia: avaliação das tendências internacionais e no Brasil". *In*: *Relatório final do convênio CNPq/ UNICAMP*. Departamento de Economia e Planejamento Econômico, Campinas, jun., 1984.

CASSIOLATO, J. E., ANCIÃES, A W. da F. "Os condicionantes do desenvolvimento das novas biotecnologias: algumas observações sobre sua relação com o ciclo atual e com os avanços em micro-eletrônica". *In*: MARTINE, G., CASTRO, C. de M. *Biotecnologia e sociedade*: *o caso brasileiro*. Campinas: Almed, 1985.

CASTRO, A. C., SILVEIRA, J. M. da. "Inovações biológicas para a agricultura: da via híbrida à engenharia genética". *In*: MARTINE, G., CASTRO, C. de M. *Biotecnologia e sociedade*: *o caso brasileiro*. Campinas: Almed, 1985.

CASTRO, L. A. de. "A biotecnologia na EMBRAPA". *Cadernos de Difusão de Tecnologia*, vol. 03, n.º 03, 1986.

CASTRO, L. A. de. "A biotecnologia na EMBRAPA". In: *Cadernos de Difusão de Tecnologia*, vol 03, n.º 03, 1986.

CLARK, K. B. "What strategy can do for technology". *Harvard Business Review*, Nov./Dec., 1989.

CONSTANT E. W. "The social locus of technological practice: community, system, or organization?". *In*: *The social construction of technological system.* Massachusetts: Institute of Technology, 1987.

CORREA, C. M. "Technology transfer". *Science and Public Policy*, England, vol. 21, n.° 6, p. 369–380, Dec., 1994.

COUTINHO, L. G., FERRAZ, J. C. (orgs.) *Estudo da competitividade da indústria brasileira* . Campinas: MCT/FINEP/PADCT, 1994.

CUNHA, N. V. da. *Interação universidade–empresa em projetos de dois centros de biotecnologia.* Dissertação de Mestrado em Administração. Porto Alegre: UFRGS, 1998.

DEL NERO, P. A. *Propriedade intelectual*: *a tutela jurídica da biotecnologia.* São Paulo: Revista dos Tribunais, 1998.

DEMBO, D., Dias, C., MOREHOUSE, W. "Impactos sociais da biotecnologia nos países em desenvolvimento". *In*: MARTINE, G., CASTRO, C. de M. *Biotecnologia e sociedade*: *o caso brasileiro.* Campinas: Almed, 1985.

DEMBO, D; DIAS, C.; & MOREHOUSE, W. "Impactos sociais da biotecnologia nos países em desenvolvimento". In: MARTINE, G. & CASTRO, C. de M. *Biotecnologia e sociedade: O caso brasileiro.* Campinas, Almed, 1985.

DOBZHANSKY, T. "On genetics, sociology and politics". *Perspectivas Biológicas Médicas*, n.° 11, p. 544–554, 1968.

DOMINGUES, D. G. *Privilégios de invenção, engenharia genética e biotecnologia.* Rio de Janeiro: Forense, 1989.

DURANT, J. *et al. Biotechnology in the public sphere*: *a european sourcebook.* London: Science Museum, 1998.

DURHAM, E. "*Relações com o setor produtivo*: *novas tendências no ensino superior*". (mimeo.) 1990.

EDIQUIST, C., JOHNSON, B. "Institutions and organizations in systems of innovation". *In*: NELSON, R. (org.). *National innovation systems.* New York: Oxford University Press, 1993.

ETZIONI, A. *Organizações Modernas.* São Paulo: Pioneira, 1989.

ETZKOWITZ, H., LEYDESDORFF, L. "Introduction to special issue on science policy dimensions of the Triple Helix of university–industry–government relations". *Science and Public Policy*, vol. 24, n.° 1, Feb., 1997.

FERRAZ, S. *Manipulações biológicas e princípios constitucionais*. Porto Alegre: Sérgio Antônio Fabris, 1991.

FERRO, J. R., TORKOMIAN, A. L. V. "A criação de pequenas empresas de alta tecnologia". *Revista de Administração de Empresas*, Rio de Janeiro, vol. 28, n.° 2, p. 43–50, abr./jun., 1988.

FIGUEIREDO, V. de M. Desenvolvimento dependente brasileiro: industrialização, classes sociais e estado. Rio de janeiro, Zahar, 1978.

FOUTAIN, J. E. "Social capital: its relationship in science and technology". *Science and Policy*, vol. 25, n.° 2, p. 103–115, Apr., 1998.

FREEMAN, C., CLARK, J., SOETE, L. *Unemployment and technological innovation*: *a study of long waves and economic development*. Londres: Frances Pinter, 1982.

FURTADO, C. *Desenvolvimento e subdesenvolvimento*. Rio, Fundo de cultura, 1961.

FURTADO, J. S. "Patentes em biotecnologia: capacitar-se ou perecer". *In*: MARTINE, G., CASTRO, C. de M. *Biotecnologia e sociedade*: *o caso brasileiro*. Campinas: Almed, 1985.

GALHARDI, R. M. A. A. *New technologies and developing countries*: *the case of biotechnology*. Brasília: CNPq, 1989.

GALHARDI, R. M. A. A.. "Disconnections between biotechnology policies and market reality: comments on the Brazilian experience". *Science and Public Policy*, vol. 22, n.° 3, p. 208–209, Jun., 1995.

GALHARDI, R. M. *New tecnologies and developing countries*: *the case of biotechnology*. Brasília: CNPq, texto n.° 34, 1989.

GIBBONS, M. *et al*. *The new production of knowledge*: *the dynamics of science and research in the contemporary societies*. Londres: Sage, 1994.

GILFILLAN, S. C. *The sociology of invention*. Follet Publishing, 1935.

GOLDIM, JR. "Bioética e interdisciplinariedade". *Educação, subjetividade & poder*, n.° 4, p. 24–28, 1997.

GOMEZ, J. G. C., BUENO NETTO, C. L. "Produção de plásticos biodegradáveis por bactérias". *Revista Brasileira de Engenharia Química* , n.° 17, p. 24–29, 1997.

GONZALO, E. "Dos desafios da inovação tecnológica às janelas de oportunidades para os recursos naturais da Região Amazônica". *In*: *Anais do Seminário Nacional de Parques Tecnológicos e Incubadoras de Empresas*. Brasília: NAPROTEC, 1997.

GOODMAN, D., SORJ, B., WILKINSON, J. *Da lavoura às biotecnologias*: *agricultura e indústria no sistema internacional*. Rio de Janeiro: Campus, 1990.

GOODMAN, D.; SORJ, B. & WILKINSON, J. *Da lavoura às biotecnologias*: *agricultura e indústria no sistema internacional*. Rio, Campus, 1990.

GOONATILAKE, S. *Aborted discovery*: *science and creativity in the Third World*. London: Zed Books, 1984.

GRANGER, A., GRIERSON, J., QUIRINO, T., ROMANO, L. *Capacitacion en planeamiento, seguimiento y evaluacion para administracion de la investigación agropecuária*: *evaluacion de la Investigación*. INTA, INIA, EMBRAPA, ICA, Colômbia, 1993.

GREGÓRIO, J. "Biodiversidade brasileira é fonte de microorganismos produtores de plásticos e elastômeros biodegradáveis". *In*: www.comciencia.br/reportagens/biodiversidade/bio15.htm, 2001.

HAIKALA, I. J. *et al*. "Multidirectional technology transfer between academia and software industry". *In*: KALIL, Tarck M., BAYRAKTAR, Bulent (eds.). *Management of Technology IV*. Institute of Industrial Engineers, 1994.

HALL, R. "Technological policies and their consequences". *In*: *Handbook of organizational design*. Oxford: Oxford University Press, 1981.

HALL, R. *Organizações*: *estrutura e processos*. Rio de Janeiro: Prentice/Hall do Brasil, 1984.

HANSEN, M., BUSCH, L., BURKHARDT, J., LACY, W., LACY, L. "Plant breeding and biotechnology: new technologies raise important social questions". *Bioscience*, vol. 36, n.º 01, 1986.

HAYAMI, J., RUTTAN, V. *Agricultural development*: *au international perspective*. Baltimore: John Hopkins Press, 1971.

HUGHES, T. P. "The evolution of large technological systems". *In*: *The social construction of technological system*. Massachusetts: Institute of Technology, 1987.

IHDE, D. *Technics, and praxis*. London: D. Reidel Publishing Company, 1979.

JOHNSON, B., GOODRICH, R., WRIGHT, J. "O desenvolvimento da indústria da nova biotecnologia no Brasil". *In*: VIÉGAS, J. A., BARROS, P. M. de. *Biotecnologia e desenvolvimento nacional*. São Paulo: Governo do Estado, 1985.

JOHNSON, B.; GOODRICH, R. & WRIGHT, J. "O desenvolvimento da indústria da nova biotecnologia no Brasil". In: VIÉGAS, J. A. & BARROS, P. M. de. *Biotecnologia e desenvolvimento nacional*. São Paulo, Governo do Estado, 1985.

JOHNSON, N. J. *Biodiversity in the balance*: *approaches to setting geographic conservation priorities*. Maryland: Corporate Press, 1995.

JÖHR, H. *O verde é o negócio*. São Paulo: Saraiva, 1994.

KELLY, K. "New rules for the new economy". *Wired*, Sep., 1997.

KENNEY, M. "Genetic engineering and agriculture". *Cornell Rural Sociology*, *Bulletin Series*, n.° 126, 1982.

KENNEY, M., KLOPPENBURG, J., BUTTEL, F., CORVAN, J. T. "Genetic engineering and agriculture: socio-economic aspects of biotechnology R & D in developed and developing countries". *In*: *Biotech 83*: *First Word Conference and exibition on the commercial applications and implications of biotechnology*. London, 1983.

KENNEY, M., VELLUTINI, R. de A. S. "Biotecnologia, agricultura e dependência". *Revista Brasileira de Tecnologia*, Brasília, vol.16(2), mar./abr., 1985.

KESSLER, D. A. *et al*. "The safety of foods developed by biotechnology". *Science*, 236, 1992.

KLOPPENBURG, J., KLEINMAN, D. L. "Seed of struggle: the geopolitcs of genetic resources". *Technology review*, n.° 47, 1987.

KNORR-CETINA, K. "Scientific communities or transepistemic arenas of reserch? A critique of quasi economic models of science". *Social studies of science*, n.° 12, p. 101–130, 1982.

KNORR-CETINA, K. *The manufacture of knowledge*: *an essay on the constructivist and contextual nature of science*. Oxford: Perzaman Press, 1981.

KUHN, T. *The structure of scientific revolution*. Chicago: Chicago University Press, 1970.

LASTRES, H. *et al. Globalização e inovação localizada: experiências de sistemas locais no âmbito do Mercosul e proposições de políticas de C&T*. Nota Técnica 01/99. Rio de Janeiro, IE/UFRJ, 1998.

LATOUR, B. "Give me a laboratory and I will raise the world". *In*: KNORR-CETINA, K., MULKAY, M. *In*: *Science Observed.* London: Sage, 1983.

LATOUR, B. "Le métier de chercheur: regard d'un anthropologue". Paris: INRA, 1995.

LATOUR, B. "The force and the reason of experiment". *In*: LE GRAND, H. E. *Experimental inquiries*. Netherland: Kluwer Academic Publishers, 1990.

LATOUR, B. *Ciência em ação*. São Paulo: Unesp, 2000.

LATOUR, B., WOOLGAR, S. *A vida de laboratório*: *a produção dos fatos científicos*. Rio de Janeiro: Relume Dumará, 1997.

LEHMAN, V., LORCH, A. "The race for the human genome". *Biotechnology and Development Monitor*, n.º 40, p. 6–9, 1999.

LEMOS C. "Inovação na era do conhecimento". *Parcerias Estratégicas*, n.º 8, maio, MCT, 2000.

LEONARD-BARTON, D., SENSIPER, S. "The role of tacit knowledge in group innovation". *California Management Review*, vol. 40, n.º 3, p. 112–132, Spring, 1998.

LEWONTIN, R. "Agricultural research and the penetration of capital". *Science for the people*, vol. 14, n.º 01, 1982.

LEWONTIN, R. *It Ain't necessarily so*: *the dream of the human genome and other illusions*. New York: New York Review Books, 2000.

LIMA, A. *Quadro comparativo entre os PLs*: *n.º 306/95, 4.579/98 e 4.751/98*. São Paulo: ISA – Instituto Socioambiental, 1998.

MACCLELLAND, A. *The achieving society*. Princeton, Van Nostrand Co. Inc., 1961.

MACIEL, M. L. "Inovação e conhecimento". *In*: *A alavanca de Arquimedes*: *ciência e tecnologia na virada do século*. Brasília: Paralelo 15, 1996.

MACULAN, A. M. D. "A política brasileira de ciência e tecnologia de 1970 a 1990". *Novos Estudos CEBRAP*, São Paulo, n.º 43, p. 175–194, nov., 1995.

MAIA, J. da S. “As biotecnologias aplicadas à agricultura no Brasil”. *In*: ALMEIDA, A L. O. de. *Biotecnologia e agricultura: perspectiva para o caso brasileiro*. Petrópolis: Vozes, 1984.
MASTERMAN, M. “The nature of a paradigm”. *In*: LAKATOS, I., MUSGRAVE, A. *Criticism and the gowth of knowledge*. Cambridge: Cambridge University Press, 1970.
MCNEELY, J. A., HARRISON, J., P. DINGWALL, P. “*Conserving the world's biological diversity*”. World Resources Institute, IUCN, World Bank, WWF, Conservation International. Washington D.C. and Gland, Switzerland, 1990.
MCT/PADCT. *O subprograma de biotecnologia para o PADCT III. Proposta do GT/SBIO*. MCT. Brasília, out., 1995.
MCT/SECOP. *Subprograma de Biotecnologia (SBIO)*. Documento para a 2.ª Fase do Programa. MCT. Brasília, out., 1993.
MENDONÇA-HAGLER, L. C. S. “Biodiversidade e biossegurança”. *Biotecnologia Ciência &Desenvolvimento*, vol. 18, p. 16–22, 2001.
MERTON, R. K. *Sociologia: Teoria e Estrutura*. São Paulo: Mestre Jou, 1968.
MODELL, B., KULIEV, A. M. “A scientific basis for cost-benefit analysis of genetics services”. *Trends Genet*, n.º 9, 1993.
MORAIS, E. F. C. de. *Incubadoras de empresas como fator de inovação tecnológica em pequenos empreendimentos*. Dissertação de Mestrado em Ciência, Tecnologia e Sociedade, Brasília: UnB, 1997.
MUNIZ, J. N. “Biotecnologia: trajetórias latentes da prática científica”. *Cadernos de Difusão de Tecnologia*, vol. 03, n.º 03, 1986.
NATURE BIOTECHNOLOGY, maio, 2001.
NICHOLAS, W. “Analysis of human genome discovers far fewer genes”. *In*: *The New York Times*, Feb., 12, 2001.
NOBRE, D. L. M. “Propriedade industrial e biotecnologia”. *In*: VIÉGAS, J. A., BARROS, P. M. de. *Biotecnologia e desenvolvimento nacional*. São Paulo: Governo do Estado, 1985.
NUNES, B. F. “Sistemas de atores da ciência e tecnologia no Brasil”. *In*: FERNANDES, A. M., SOBRAL, F. (orgs.). *Colapso da ciência & tecnologia no Brasil*. Rio de Janeiro: Relume-Dumará, 1994.

PAIVA, E. "Palestras". *In*: *www.faemg.org.br/palestras/edilsonpaiva-pdf*. 2000.

PALLADINI, E. *Controle de qualidade*: *uma abordagem abrangente*. São Paulo: Atlas, 1990.

PATRÍCIO, I. E. de M. S. "O significado da biotecnologia". *In*: ALMEIDA, A L. O. de. *Biotecnologia e agricultura*: *perspectives para o caso brasileiro*. Petrópolis: Vozes, 1984.

PENA, S. D. J. "Conflitos paradigmáticos e a ética do projeto genoma humano". *In*: DOSSIÊ UNIVERSIDADE–EMPRESA. *Revista USP*, São Paulo, n.º 25, mar./maio, 1995.

PEREZ, C. "New technologies and development". *In*: FREEMAN, LUNDVALL (orgs.). *Small countries facing technological revolution*. Londres: Frances Pinter, 1988.

PEREZ, C; SOETE, L. "Catching up in technology: entry barriers and windows of opportunity". *IN*: Dosi (org.). *Technical change and economic theory*. London: Pinter, 1988.

PEREZ, W. "Transferência de tecnologia em bens de capital". *Revista de Administração*, São Paulo, vol. 28, n.º 1, p. 86–96, jan./mar., 1993.

PERROW, C. *Análise organizacional*: *um enfoque sociológico*. São Paulo: Atlas, 1981.

PISANO, G. P. *Innovation through markets, hierarchies and joint ventures: technology strategy and collaborative arrangements in the biotechnology industry*. Dissertação de Ph.D, University of California, Berkeley, 1988.

PORTER, M. (org). *Competition in global industries*. Boston: Harvard Business School Press, 1986.

PORTER, M. "Clusters and the new economics of competition". *Harvard Business Review*, p. 77–90, Nov./Dec., 1998.

PORTER, M. *Honouring the business experts*: *the competitive advantage of nations*. London, October 18th, 1989.

PORTER, M. *The competitive advantage of nations*. New York: Free Press, 1990.

PREBISH, R. *Dinâmica do desenvolvimento latino-americano*. Rio, Ed. Fundo de cultura, 1964.

QUIRINO, T., COQUEIRO, E. "Um exercício de avaliação da qualidade da pesquisa agropecuária na EMBRAPA". *Revista de Economia Rural*, 23(3): 351–368, 1985.

RIFKIN, J. *O século da biotecnologia.* São Paulo: Makron Books, 1999.

ROGERS, H. J., PARKES, H. C. "Transgenic plants and the environment". *Journal of Experimental Botany*, 46 (286), 467–488, 1995.

ROITMAN, C. "As possibilidades da biotecnologia no Terceiro Mundo" *Cadernos de Difusão de Tecnologia*, Brasília, vol. 3, n.º 3, p. 459–462, set./dez., 1986.

ROSTOV, W. *The stages of economic growth, a non-communist manifesto.* Cambridge, Cambridge University Press, 1962

SALLES FILHO, S. L. M. "Fundamentos para um programa de biotecnologia na área alimentar". *Cadernos de Difusão de Tecnologia*, Brasília, vol. 3, n.º 3, p. 379–405, set./dez., 1986.

SALLES FILHO, S. L. M., ALVAREZ, V., CERANTOLA, W. "As promessas da biotecnologia para a América Latina: um alerta". *RBI*, vol.16, n.º 06, 1985.

SALLES-FILHO, S. "Disconnections between biotecnology policies and market reality: comments on the Brazilian experience". *Science and Public Policy,* 22(3), p. 208–209, jun., 1995.

SANTOS, S. A. "A criação de empresas de tecnologia avançada: a experiência européia e as perspectivas brasileiras". *Revista de Administração*, São Paulo, vol. 20, n.º 3, out./dez., 1985.

SILVA J. de S. *Science and the changing nature of the struggle over plant genetic resources: from plant hunters to plant crafters.* Tese de Doutorado, University of Kentucky, 1989.

SILVA J. de S. *The contradictions of biotechnology for agricultural in the Third World.* Tese de mestrado, University of Kentucky, 1988.

SILVA, J. G. da. "A relação setor público–privado na geração de tecnologia agrícola no Brasil". In: *Cadernos de Difusão de tecnologia.* vol. 02, n.º 02, 1985.

SILVA, J. G. da. Progresso Técnico e Relações de Trabalho na agricultura. São Paulo, Hucitec, 1981.

SILVEIRA, J. M. "O desenvolvimento das biotecnologias e a avaliação de seus impactos econômicos". *Cadernos de Difusão de Tecnologia*, Brasília, vol. 3, n.º 3, p. 407–418, set./dez., 1986.

SIMPSON, J. G., PEREZ, J. F. "ONSA, the São Paulo Virtual Genomics Institute: organization for nucleotide sequencing and analysis". *Nature Biotechnology*, vol. 16(9), p. 795-796, Sep., 1998.

SOBRAL, F. "Estado e modernização: a pesquisa e extensão na agricultura". *In*: FIGUEIREDO, V. *Estado, sociedade e tecnologia agropecuária*. Brasília, UnB–FINEP, 1989.

SOBRAL, F. *Ciência, tecnologia e poder*: *os interesses sociais na pesquisa*. Tese de Doutorado. Brasília: UnB, 1988.

SORJ, B. *et al*. *As biotecnologias no Brasil*. Rio de Janeiro: PUC/RJ, 1984.

SORJ, B., CORADINI, O., GOODMAN, D., POMPERMAYER, M., WILKINSON, J. "O impacto sócio-econômico das biotecnologias: uma perspectiva internacional". *Cadernos de Difusão de Tecnologia*, vol. 01, n.º 02, 1984.

SORJ. B., WILKINSON, J., CORADINI, O. "As biotecnologias no Brasil: políticas e desenvolvimento" *In*: MARTINE, G., CASTRO, C. de M. *Biotecnologia e sociedade*: *o caso brasileiro*. Campinas: Almed, 1985.

SOUSA, I. D. F. de. *Acumulation of capital and agricultural research technology*: *a brasilian case study*. Ph.D. Thesis. Columbus: The Ohio State University, 1980.

SOUSA, I. S. F. de, SINGER, E. G. "Tecnologia e pesquisa agropecuária: considerações preliminares sobre a geração de tecnologia". *Cadernos de Difusão de Tecnologia*, 1 (1): 1–25, jan./abr., 1984.

STAL, E. *Centros de pesquisa cooperativa*: *um modelo eficaz de interação universidade–empresa?*. Tese de Doutorado, São Paulo: FEA–USP, 1997.

STERN, B. "800 milhões de famintos; entrevista com Jacques Diouf". *Revista Eco21*, p. 20–25, jul., 2001.

STUFFLEBEAM, D. "Alternativas em avaliação educacional: um guia de auto-ensino para educadores". *In*: SCRIVEN, M., STUFFLEBEAM, D. *Avaliação educacional (II) – perspectivas, procedimentos e alternativas*. Petrópolis: Vozes, 1978.

TAYLOR, N. J., FAUQUET, C. M. "Can the great potentials of biotechnology be directed towards ensuring food security and economic development in the developing world?". *In*: *Forum for Applied Research and Public Policy*, *forum.ra.utk.edu*, 2000.

THERBORN, G. *Science, class and society*. London: Verso, 1980

TRIGUEIRO, M. "A avaliação institucional nas universidades brasileiras". *CRUB, Estudos e Debates*, n.º. 20, p. 37–143, 1999.

TRIGUEIRO, M. "O modelo CIPP para a avaliação institucional da Universidade de Brasília". *In*: *Anais do I Seminário Brasileiro sobre a Avaliação Institucional*. Campinas: Ed. da UNICAMP, 1995.

TRIGUEIRO, M. *Estrutura da prática tecnológica*: *a pesquisa e a sociedade na agropecuária brasileira*. Dissertação de mestrado. Brasília, UnB, 1987.

TRIGUEIRO, M. *Geração de tecnologia e legitimação*: *limites e possibilidades nas novas biotecnologias*. Tese de Doutorado. Brasília: UnB, 1991.

TRIGUEIRO, M. *O ensino superior privado no Brasil*. Brasília: Paralelo 15/Marco Zero, 2000.

TRIGUEIRO, M. *Universidades públicas*: *desafios e possibilidades no Brasil contemporâneo*. Brasília: Editora Universidade de Brasília, 1999.

USHER, A. P. *A history of mechanical inventions*. Harvard University Press, 1954.

WORLD RESOURCES INSTITUTE (WRI), WORLD CONSERVATION UNION (IUCN), UNITED NATIONS ENVIRONMENT PROGRAME (UNEP). *A estratégia global da biodiversidade*: *diretrizes de ação para estudar, salvar e usar de maneira sustentável e justa a riqueza biótica da Terra*. traduzido por P. P. Di Stéfano e M. D. Schlemm. Curitiba: Fundação O Boticário de Proteção à Natureza, 1992.

YOXEN, E. "Life as a productive force: capitalising the sciense and technology of molecular biology". *In*: LEVIDOW, L., YOUNG, B. *Science, technology and the labour process*. Marxist studies. vol. I. London: LSE Books, 1981.

ZAGOTTIS, D. L. "Sobre a interação entre a universidade e o sistema produtivo". DOSSIÊ UNIVERSIDADE–EMPRESA. *Revista USP*, São Paulo, n.º 25, mar./maio, 1995.

ZILINSKAS, R. "Biotechnology and the Third World: the missing link between research and applications". *Genetic engineering and biotechnology monitor*, n.º 24, Viena, 1988.

ZIMERMANN, M. J. de O. "Biotecnologia: esperança ou panacéia?". *Cadernos de Difusão de Tecnologia*, vol. 03, n.º 03, 1986.

ZYLBERSTAJN, D. "Novas fronteiras da biotecnologia na agricultura". In: *Anais do 6º. Congresso Paulista de Agronomia.* Piracicaba, 1987.

ZYLBERSTAJN, D. "Novas fronteiras da biotecnologia na agricultura". *In Anais de 6.º. Congresso Paulista de Agronomia.* Piracicaba, 1987.

ZYLBERSZTAJN, D., FONSECA, M. A. S. da, CARMO, A. J. B. do, MORICOCHI, L., CARVALHO, P. C. T. de. "Estudo econômico do uso de processos biotecnológicos na agricultura". *In*: VIÉGAS, J. A., BARROS, P. M. de. *Biotecnologia e desenvolvimento nacional.* São Paulo: Governo do Estado, 1985.

Anexo:
Lista de Instituições Visitadas

- Distrito Federal
  - EMBRAPA/ CENARGEN;
  - Universidade de Brasília / Departamento de Biologia Celular – Laboratório de Biologia Molecular; e
  - Universidade Católica de Brasília / Laboratório de Biotecnologia Genômica;

- Amazonas
  - Universidade do Amazonas – Centro de apoio Multidisciplinar / Laboratório de Tecnologias do DNA; e
  - Instituto Nacional de Pesquisas Amazônicas (INPA) / Laboratório de Biologia Molecular;

- Minas Gerais
  - Universidade Federal de Minas Gerais – Departamento de Bioquímica e Imunologia;
  - Syngenta LTDA.;
  - Universidade Federal de Uberlândia — Instituto de Genética e Bioquímica;
  - BioBrás S/A;
  - Fundação BioMinas;
  - Biológica / BioMinas;
  - JHS Laboratório Químico / BioMinas; e
  - Katal Biotecnologia / BioMinas;

- PERNAMBUCO
  - UPE/ Departamento de Bioquímica;
  - Laboratório de Imunopatologia Keizo Asami – LIKA /UFPE;
  - Instituto Eudo Magalhães; e
  - Fundação de Hematologia e Hemoterapia de Pernambuco – HEMOPE;

- RIO DE JANEIRO
  - Instituto de Tecnologia em Fármacos (Farmanguinhos) / FIOCRUZ;
  - Departamento de Biologia Celular e Molecular / FIOCRUZ;
  - Coordenação de Gestão Tecnológica / FIOCRUZ;
  - Universidade Federal do Rio de Janeiro – Instituto de Biofísica;
  - Universidade Federal do Rio de Janeiro – Instituto de Biomédicas / Dep. Bioquímicas Médicas;
  - Universidade Federal do Rio de Janeiro – Fundação BioRio
  - Silvestre Labs / BioRio;
  - Vitrogen / BioRio;
  - Baktron Microbiológica / BioRio;
  - AMBIO / BioRio; e
  - RN Center / BioRio;

- RIO GRANDE DO SUL
  - Universidade Federal do Rio Grande do Sul – Centro de Biotecnologia do Rio Grande do Sul; e
  - Pontifícia Universidade Católica do Rio Grande do Sul – Laboratório de Genética e Biologia Molecular;

- SÃO PAULO
  - Monsanto do Brasil;
  - Biosintética;
  - Companhia de Saneamento Básico do Estado de São Paulo (SABESP) – Superintendência de Pesquisa e Desenvolvimento Tecnológico;

- Vallée S.A.;
- Instituto Pasteur – Secretaria de Saúde do Estado de São Paulo;
- Universidade de São Paulo – Instituto de Química / Pós-graduação em Bioquímica;
- Instituto Butantã – Setor de Produção de Soros;
- Escola Paulista de Medicina – Departamento de Ciências Biológicas;
- Instituto de Pesquisas Tecnológicas (Agrupamento Biotecnologia);
- Escola Paulista de Medicina – Pós-Graduação em Microbiologia e Imunologia;
- Instituto Ludwig de Pesquisa sobre o Câncer;
- Escola Superior de Agronomia Luiz de Queiroz (Piracicaba) – Departamento de Microbiologia Agrícola;
- Universidade do Estado de São Paulo (Câmpus Avançado) – Departamento de Tecnologia / Laboratório de Bioquímica e Biologia Molecular (Jaboticabal);
- Universidade de Campinas – Centro de Biologia Molecular e Engenharia Genética;
- Fundação Tropical de Pesquisa e Tecnologia André Tosello; e
- Universidade Estadual de São Paulo – Departamento de Biofísica Molecular e Cristalografia.